KB268529

엄마랑 아이랑
해외여행

엄마랑 아이랑 해외여행

지은이 이희경
펴낸이 임상진
펴낸곳 (주)넥서스

초판 1쇄 발행 2017년 10월 10일
초판 2쇄 발행 2017년 10월 15일

출판신고 1992년 4월 3일 제311-2002-2호
주소 10880 경기도 파주시 지목로 5
전화 (02)330-5500 팩스 (02)330-5555
ISBN 979-11-6165-154-5 13980

www.nexusbook.com
넥서스BOOKS는 넥서스의 실용 전문 브랜드입니다.

엄마랑 아이랑 해외여행

이희경 지음

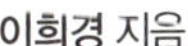

넥서스BOOKS

여행은 보약이다

엄마이기에 사서 고생을 합니다. 여행이 만병통치약이 될 수는 없지만, 엄마이기에 여행을 보약으로 만들 수는 있습니다. 부모의 모든 삶이 교육이라더니 청소년이 된 아이를 키우며 절감합니다. 교과 공부 외에 공교육도, 사교육도 해 주지 못하는 부분이 아주 크게 존재합니다. 저 또한 아이와 같은 학년이 된 심정으로, 아이에게 무엇이 필요할까를 고민합니다.

이제는 그저 아이와의 여행을 즐깁니다. 함께 고민하고, 공부하고, 그 나라를 알아가고, 사람들을 이해해 가는 과정의 행복을 즐깁니다. 이것이 생각하는 힘이나 문제 해결력을 기르는 방법이 아닐까 생각합니다. 그것도 엄마와 아이가 한편이 되어서 말입니다. 여행은 아이와 엄마를 한편으로 만듭니다. 서로를 의지할 수밖에 없는 한편으로요.

이 책은 여행에 대해 고민하고, 교육으로 힘들어하는 엄마 아빠들을 위해 만들었습니다.

1. 배낭여행을 가고 싶지만, 용기를 내지 못하고 있는 엄마 아빠
2. 패키지 여행과는 다른 여행을 가고 싶은 엄마 아빠

3. 시간과 비용을 쓰며 해외여행을 했지만, 아이의 성장에 큰 도움을
   주지 못했던 엄마 아빠
4. 아이와의 특별한 여행을 꿈꾸는 엄마 아빠

이 책에는 어디어디를 얼마나 긴 시간 동안 여행했다는 자랑은 없습니다. 오랜 시간 동안 체험해 온 여행의 효과, 여행의 준비 방법, 구체적인 체험학습 활용 방법, 성공적인 여행이 될 수 있는 여행 노하우, 그리고 아이와 함께 해 보면 좋을 여행 미션과 여행을 기록으로 남기는 방법 등 아주 구체적인 이야기를 하고 있습니다.

엄마들이 느끼는 배낭여행에 대한 두려움이 무엇인지 알기에 하나하나 짚고 넘어가며, 그 두려움이 용기로 바뀔 수 있도록 그동안의 모든 노하우를 쏟아부었습니다. 이 책을 읽으시며 아이와 함께 여행을 떠날 마음이 생기셨으면 참 좋겠습니다. 국내 여행을 할 때도 이 책에 소개된 노하우를 적용해 보셨으면 좋겠습니다. 한꺼번에 다 따라서 해 보지는 못하더라도, 이번에 이거 한번 해 봐야겠다는 생각이 드는 이야기가 하나쯤 있었으면 좋겠습니다. 대한민국

의 교육으로 지치고 힘든 엄마와 아이들이 여행으로 행복했으면 좋겠습니다.

마지막으로 이 모든 일을 시작하고 완성하기까지 매 순간 힘을 주시고 인도해 주신 하나님, 내가 하는 모든 일에 걱정스러운 마음 숨기시고 격려와 지지와 새벽 기도로 늘 응원해 주시는 부모님과 시부모님, 자꾸 새로운 일을 벌이는 부인에게 늘 사랑을 쏟아 주는 사랑하는 나의 신랑 재영씨, 글을 시작할 수 있는 공간과 시간을 만들어준 오랜 친구 영균, 기도로 힘을 주셨던 목사님과 목장 식구들, 큰 힘 되어 준 동생 상훈, 좋은 글 쓰라고 밥 사 주며 격려해 주셨던 여러분들, 마을과 교육, 그리고 여행에 대해 고민하고 성장하도록 도와주셨던 금천마을의 여러 선생님들, 초보 작가의 손을 덜컥 잡아 주신 넥서스 출판사의 관계자분들, 그동안 함께 여행을 떠났던 10명의 부모님과 16명의 아이를, 엄마를 끊임없이 성장하게 하며 여행의 든든한 동반자로 성장하고 있는 사랑하는 나의 딸 시현에게 모든 마음을 다하여 특별한 감사를 드립니다.

새로운 여행을 꿈꾸며

이희경

차례

CHAPTER 1

여행은 아이를 자라게 한다
아이와 여행을 떠나는 이유

CHAPTER 6

아이의 여행이 즐거워진다
함께 해 보면 좋은 여행 미션

CHAPTER 7

여행을 기록으로 완성하다
나만의 여행책 만들기

아이와 함께 여행을 떠나다 

엄마가 되어 다시 떠나게 된 여행

나는 배낭여행 1세대였다. 젊음의 정점에 있던 20대 초반에는 나를 성장시키기 위한 도전의 여행을 했었고, 한참 일에 빠져 있던 30대에는 휴식과 에너지 충전을 위한 여행을 자주 했었다. 하지만 결혼을 하고 육아가 시작되자 해외여행은 그림의 떡이 되었다. 여행을 하고 싶다가도 막상 떠나려고 하면 이것저것 걸리면서 마음 한쪽에서 귀찮은 마음이 올라오는 평범한 엄마가 되었다.

그러다 딸아이가 7살 되던 해, 나는 해외여행을 가고 싶은 마음이 무르익어 더 이상은 기다릴 수 없었다. 아이를 맡기고 갈 수는 없는 상황이었다. 그렇다면 아이와 함께 떠나자고 생각을 바꿨다. 그리고 소문을 냈다, 아이와 둘이 배낭 메고 여행을 간다고. 사람들의 눈은 동그래졌다. 사실 소문을 내지 않으면 여행하려던 마음을 접을 것 같았다. 솔직히 혼자도 아니고 아이와 떠나려니 마음에 부담이 컸기 때문이다.

소문을 내고 나니 정말 떠나지 않을 수 없었다. 아이와의 배낭여행을 틈틈이 1달 넘게 준비했다. 나 자신도 너무 오랜만에 떠나는 여행이라서 긴장되었지만, 아이와의 여행을 준비하는 것은 성인끼리의 여행을 준비하는 것과는 차원이 달랐다. 엄마와 아이가 모두 만족할 만한 정보를 찾기 위해 두세 배의 시간을 들여야 했다.

그런데 뜻밖의 일이 일어났다. 주위의 많은 엄마들이 우리 여행을 부러워했고, 그중에서 몇몇 엄마는 용기를 내어 "우리도 좀 데려가 주면 안 될까요? 저도 아이와 해외 배낭여행 가고 싶었는데 실행을 못하고 있었어요. 같이 가요." 하고 제안을 해 왔던 것이다. 갑자기 내 어깨가 너무 무거워져 버렸다. '이 엄마들이 정말 떠날 수 있을까? 남편들이 동의를 할까?' 나조차도 반신반의했지만, 그렇게 아이들과 엄마들의 배낭여행이 시작되었다.

아이와 어떤 여행을 할 것인가!

아이와 함께 여행을 떠나기로 마음먹으며 어떤 여행이 좋을지 생각해 보았다. 아이가 있는데 편안한 패키지 여행을 두고 왜 굳이 힘든 배낭여행을 떠나느냐고 묻는 사람도 있었다.

부모들이 아이와 함께 해외여행을 떠날 때는, 일반적으로 여행이 주는 행복과 즐거움 이외에 한 가지를 더 기대하게 된다. '해외여행에서 아이들이 멋진 경험을 하면 성장의 계기가 될 거야.' 하는 막연한 기대다. 시간과 비용을 생각한다면 그 기대치는 참으로 높을 수밖에 없다. 하지만 무조건 해외에 나갔다 오면 아이에게 뭔가 도움이 될까?

물론 가 보지 않은 것보단 낫겠지만, 4박 5일이나 5박 6일짜리 패키지 관광에서 얼마나 많은 것을 얻을 수 있을까? 백화점에서 기성품을 고르듯 정해진 코스를 돌아 똑같은 물건을 쇼핑하듯 똑같은 경험을 만들어 돌아온다. 여행의 속도는 또 얼마나 빠른가. 여기저기 점 찍고 다니기가 바쁘다. 가이드가 늘 따라 다니며 모든 일정을 진행해 주고, 어딜 가든 한국 사람들이 넘쳐난다. 또는 휴양지에 콕 박혀서 멋진 해변과 리조트의 시설들을 즐기다 돌아온다. 너무나

여행 초보 엄마들과 용감한 아이들이 배낭여행을 떠났다.
서로 의지하고 알아가며 함께 성장한 시간이었다.

편하지만 그 나라를 제대로 만나기는 어렵다. 이렇게 여행을 하고 돌아오면 분명 그곳에 갔었지만 이름도 모르고, 사진밖에는 남는 것이 없는 상황이 벌어진다.

이런 패키지 여행을 하며 얼마나 큰돈을 쓰고 있는가! 단순히 패키지 여행 광고를 보면 저렴하다는 생각이 들지도 모른다. 항공료와 호텔 숙박료만 따져봐도 나올 수 없는 금액이다. 여행사와 가이드는 뭘 먹고 사는 걸까? 그러니 여행이 시작되면 가이드가 이끄는 곳에 가서 쇼핑을 해야 하며, 현지 가격보다 높게 책정된 옵션을 따로 지불해야 한다. 결과적으로, 패키지 비용이 저렴한 것 같지만 전체적인 여행 비용은 높아질 수밖에 없다. 세상에 공짜는 없다. 그 비용이면 아이와 함께 보름 정도는 멋진 배낭여행을 하고도 남는다.

아름다운 경관만을 보려고 여행을 떠나는 것은 아니다. 그렇다면 비싼 TV

를 사서 화면을 통해 보는 것이 더 좋을지도 모른다. 그 나라의 역사와 문화를 자세히 알고 싶다면 도서관에 가는 것이 더 좋겠다. 여행을 하다 보면 아름다운 경치뿐만 아니라 치열한 사람들의 삶을 만나기도 한다. 때로는 인간의 이기심과 세상의 불평등한 상황에 맞닥뜨리기도 한다. 나는 여행에서 있는 그대로의 세상을 아이와 함께 바라보길 원했다. 그래서 조금 불편하고 힘들더라도 배낭여행을 선택하게 되었다.

두려워 말고 엄마들끼리 함께 떠나요

"여행이 좋은 것은 알겠는데 용기가 안 나네요."

"아이 아빠랑 여행 가고 싶었는데 휴가가 너무 짧아서요."

"영어도 서툴고 아무래도 아이랑 둘이서는 무섭네요."

이런 엄마들이 많았다. 한 번 여행을 가기가 참 어려운데, 겨우 5박 6일에 맞춰 가기에는 너무 아깝다. 내 경험상 초등학생 아이와의 여행 기간은 10~15일 사이가 적당하다. 중고등학생은 학업 문제만 걸리지 않는다면 한 달도 좋고 두 달도 좋지만, 초등학생은 이 정도의 기간이 체력적인 측면에서도 적당하다. 마침 상당수 국가가 15일까지 비자 없이 여행할 수 있다. 그런데 직장 다니는 아빠가 보름씩 휴가를 내기란 참 어려운 일이라서 여행을 포기하게 된다.

아빠와 함께 떠날 수 없다면 주위에 마음 맞는 엄마들과 함께 떠나는 것을 적극 추천한다. 여러 명이 함께 있으면 남도 든든하고, 티켓을 사러 가거나 일정을 진행할 때도 번갈아 아이들을 돌볼 수 있다. 여행 중 두통이나 감기 등 갑작스러운 컨디션 난조가 찾아와도 도와주는 엄마들이 있어 마음이 놓인다. 평소에 서로 맘을 나누던 엄마라면 누구라도 좋겠다. 단, 함께할 엄마가 없어서 마음 안 맞는 엄마와 함께 여행하는 것은 말리고 싶다. 여행하는 내내 마음 힘

들 일이 눈에 보인다.

두 가족도 좋고, 세 가족도 좋다. 한국 아줌마의 능력은 대단하니 2~3명이 모이면 못할 일이 없다. 긴 시간을 함께 여행하다 보면 볼 것, 못 볼 것 다 보이는 찐한 관계가 된다. 서로의 아이들을 지켜보며 엄마끼리 이런저런 대화의 기회도 자연스레 만들어진다. 아이도 또래 친구가 있으니 더욱 즐거워한다. 물론 때때로 작은 다툼이 있을 수도 있지만, 즐거움에 시너지가 생겨 훨씬 즐거운 여행이 된다.

엄마들은 걱정이 많다. 엄마니까 당연하지만 그 걱정이 눈앞을 가려 좋은 기회를 놓치곤 한다. 나 또한 처음 아이와 여행을 시작할 무렵에는 걱정이 많아서 머릿속이 복잡했었다. 아이가 힘들 것을 생각하니 이것도 안 되겠고 저것도 안 되겠고, 선택의 어려움이 컸다. 그런데 이젠 그런 걱정을 하지 않는다. 오히려 엄마들보다 더 씩씩하고 지치지 않는 아이들을 만났기 때문이다. 흔들리는 기차에서도 푹 자고 일어나며, 더워도 참을 줄 알고, 한국과 달리 청결하지 못한 환경에 놓여도 불평 없이 환경을 받아들인다. 그런 아이들의 모습 속에서 오히려 엄마들이 배우고 있다. 이 책을 읽고 계신 엄마들도 걱정은 잠시 접고 용기를 내 보는 건 어떨까?

엄마와 아이들의 여행 기록

1 첫 여행

기 간 2010. 9. 3 ~ 9.14(10박 12일)

여행지 태국(방콕·암파와·파타야)

참가자 엄마 4명, 6세 1명, 7세 1명, 8세 1명, 10세 2명(총 9명)

정혜 정혜 엄마 예준이 예건·예준 엄마 예건이

성민이 성민 엄마 시현 엄마 시현이

일정

1일째	인천→방콕	• 인천 공항 출발(19:20) • 방콕에 도착하여 카오산 로드의 게스트 하우스 투숙
2일째	방콕→암파와	• 짐을 숙소에 맡기고 밴 택시를 타고 암파와 수상 마을로 이동 • 반딧불 보기 위해 배 타고 투어 • 수상 가옥에 숙박
3일째	암파와→방콕	• 오전에는 여유롭게 수상 가옥 즐기기. 한국에서는 볼 수 없는 가옥의 형태와 주민들의 생활을 탐색 • 일반 버스로 방콕으로 이동 • 엄청난 규모의 짜뚜짝 주말 시장에서 시간 가는 줄 모르고 쇼핑 • 카오산 로드의 게스트 하우스 숙박

4일째	방콕	• 오전에는 짜오프라야 강가 식당에서 브런치. 며칠 동안의 여행을 정리하는 시간 가지기 • 오후에는 지도 들고 카오산 로드로 엄마와 아이 둘만의 여행을 떠나기 • 저녁에는 한복을 입고 배 타고 메리어트 리조트 디너 뷔페에 감. 식사하면서 태국 전통 무용 관람
5일째	방콕	• 오전에 스파 즐기기 • 리틀 인디아와 차이나타운에서 세계의 다양한 문화를 경험 • 저녁에는 문 바(Moon Bar)에서 방콕 야경을 구경하며 특별한 대화의 시간
6일째	방콕	• 사파리 월드 구경. 규모가 크고 한국과는 다른 스타일의 동물원으로, 동물들과 더 친근하게 놀 수 있음 • 엄청난 규모의 시암니라밋 쇼 관람
7일째	방콕	• 시암스퀘어, 파라곤 쇼핑센터 등에서 가족별로 각자 즐기기. 쇼핑센터의 물건들을 통해 태국을 이해하는 시간을 가짐
8일째	방콕→파타야	• 여행사 미니밴 타고 파타야로 이동 • 하드락 호텔에 투숙 • 배 타고 산호섬 바다를 즐김

9일째	파타야	• 하드락 호텔 시설 즐기기. 아이들 프로그램도 참여. 수영장 거품파티가 특히 좋았음
10일째	파타야	• 멋진 수영장과 아름다운 경관을 갖춘 통부라 빌라(Villa Thongbura)로 옮겨 투숙 • 한인 교회 예배 • 룩돗 숍(Luk Dod Shop) 쇼핑 • 저녁에는 여행을 정리하며 여행책 쓰기
11일째	파타야→방콕→인천	• 코끼리 체험과 농눅 빌리지(Nong Nooch Village) 관람 • 방콕 공항으로 이동하여 귀국 비행기 탑승 • 기내 취침
12일째	인천	• 서울 도착. 인천 공항에서 아침 먹으며 여행에 대한 소감 나누기

2 두 번째 여행

기 간	2013. 4. 9 ~ 9. 18(8박 10일)
여행지	베트남(호치민, 달랏, 나짱), 싱가포르
참가자	엄마 1명, 아빠 2명, 10세 2명(총 5명)

시현 아빠

시현 엄마

시헌이

다영 아빠

다영이

일정

1일째	인천→호치민	• 아침 일찍 인천 공항 출발 • 호치민에 도착하여 데탐 거리의 저가 호텔에 투숙 • 오후에는 호치민 시내를 도보 관광
2일째	호치민→달랏	• 메콩 델타 1일 투어를 다녀옴 • 숙소에서 방을 빌려 씻고 이동 준비 • 나이트 버스를 타고 달랏으로 이동
3일째	달랏	• 새벽 5시 달랏 터미널 도착 • 투숙할 아나만다라 리조트에 짐 맡기고 아침 시장에서 장보기. 고산 도시 달랏의 특별한 과일 쇼핑 • 오후에는 고급스러운 리조트 시설 즐기기 • 저녁 시간에는 여행첵도 만들고 그림도 그리며 놀기
4일째	달랏	• 쾌적한 기후, 멋진 경관을 가진 고산 도시 달랏을 택시로 1일 투어. 크레이지 하우스, 케이블카, 폭포, 여름 궁전, 랑비앙산, 야시장 등을 구경

5일째	달랏→나짱	• 오전에는 호텔에서 휴식 • 오후에 버스편으로 나짱 이동 • 숙소 체크인
6일째	나짱	• 다양한 나라 사람들과 $10짜리 호핑 투어 • 시푸드 식당에서 식사 • 마사지 받기
7일째	나짱→ 호치민	• 호텔 체크아웃하고 짐 맡기기 • 탑바 머드 온천 즐기기 • 오후에 숙소로 돌아와서 수영장 샤워실에서 이동 준비 • 야간열차로 호치민 이동
8일째	호치민→ 싱가포르	• 아침에 호치민에 도착하여 공항으로 이동 • 비행기편으로 싱가포르 도착 • 센토사 페스티브 호텔에 투숙 • 차이나타운과 머리이언 파크 관광
9일째	싱가포르→ 인천	• 오전에 센토사섬 관광하고 루지, 아이플라이(iFLY) 등 액티비티 즐기기 • 오후에는 숙소 옆 하드락 호텔 수영장에서 놀기 • 수영장 샤워실에서 이동 준비하고 저녁에 공항으로 이동 • 귀국 비행기 탑승
10일째	인천	• 하노이 공항을 경유하여 아침에 한국 도착

3 세 번째 여행

기 간 2015. 2. 4 ~ 2.16(11박 13일)

여행지 베트남(호치민, 무이네), 태국(치앙마이, 암파와, 방콕)

참가자 엄마 3명, 8세 1명, 10세 2명, 12세 2명(총 8명)

사랑·다정 엄마 / 다정이 / 세린이 / 세린·효린 엄마

사랑이 / 효린이 / 시현 엄마 / 시현이

일정

1일째	인천→ 호치민	• 인천 공항 출발(10:45) • 호치민 도착(13:45) • 데탐 거리의 저가 호텔에 투숙 • 오후에는 시내를 도보 관광하고 맛집 찾아서 식사
2일째	호치민→ 무이네	• 아침 일찍 침대 버스로 무이네 이동 (07:15~12:15) • 해변 리조트에 체크인하고 수영장과 바다 즐기기
3일째	무이네	• 오전에 수영장에서 놀고 바닷가 산책 • 2시 사막 투어 출발. 아이들이 여행 후 베스트로 꼽는 특별한 경험을 함
4일째	무이네→호치 민→방콕→치 앙마이	• 아침 일찍 침대 버스로 호치민 이동 • 비행기편으로 방콕으로 이동 • 밤 10시 방콕역에서 치앙마이행 야간열차 탑승. 침대칸을 체험함
5일째	치앙마이	• 치앙마이에 도착하여 게스트하우스 투숙 • 일요일 오후 4시부터 열리는 선데이 마켓에서 개별 여행 • 전통 상차림으로 저녁 식사를 하며 전통 춤 공연을 볼 수 있는 칸톡 쇼 관람

6일째	치앙마이	• 엘리펀트 네이처 파크에서 코끼리 먹이 주기, 목욕시키기 등 봉사 활동. 다양한 나라의 사람들과 봉사하면서 많은 것을 생각하게 됨	
7일째	치앙마이	• 치앙마이를 한눈에 내려다볼 수 있는 도이수텝 사원 관람 • 메사 폭포에서 점심 식사 • 도이뿌이 몽족 마을에서 다양한 고산족의 생활 체험	
8일째	치앙마이→방콕	• 시장에서 장보기 미션 • 우산 마을에서 다양한 체험 • 싼캄팽 온천에서 노천 온천에 족욕 • 나이트 바자르 구경 • 침대 버스로 방콕 이동	
9일째	방콕→암파와	• 아침 일찍 방콕 도착 • 내일 투숙할 호텔에 짐을 맡기고 밴 택시로 암파와 이동 • 조용한 수상 가옥에 묵으며 밤에는 배 타고 반딧불 투어	
10일째	암파와→방콕	• 방콕으로 이동 • 호텔에서 휴식 • 저녁에 한껏 멋을 내고 짜오프라야강의 야경을 즐기며 디너 크루즈	
11일째	방콕	• 아이들 스스로 환전하기 미션 • 짜뚜짝 주말 시장에서 장보기 미션 • 시암니라밋 쇼 관람. 일찍 가서 민속촌 같은 시설도 둘러보고 멋진 공연을 봄	
12일째	방콕→인천	• 오전에는 호텔 수영장 즐기기 • 오후에 쇼핑센터, 서점 등에서 한국 과 다른 것들 찾아보기. 패스트푸드로 식사 • 방콕 공항 출발(18:35)	
13일째	인천	• 하노이를 경유하여 인천 공항 도착 (05:30). 하노이 공항에서 대기하는 동안 여행에 관해 이야기 나눔	

4 네 번째 여행

기 간 2016. 7. 26 ~ 8. 9(13박 15일)
여행지 베트남(하노이, 사파, 하롱베이)
참가자 엄마 4명, 9세 1명, 11세 2명, 13세 1명, 14세 1명(총 9명)

고은이

고은 엄마

다정이

사랑이

사랑·다정 엄마

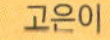

규리

규리 엄마

시현이

시현 엄마

일정

1일째	인천→하노이	• 인천 공항 출발(21:10) • 하노이 도착(23:45) • 데탐 거리의 저가 호텔에 투숙
2일째	하노이	• 베트남 소수 민족 박물관, 롯데타워, 문묘, 하노이 국립 미술관, 수중 인형극 공연 등 시내 도보 관광.
3일째	하노이	• 아름다운 절경이 있는 호아루·땀꼭 1일 투어를 다녀옴
4일째	하노이	• 엄마와 아이만 둘이 떠나는 하노이 시내 여행 • 저녁에는 금요 야시장 둘러보기

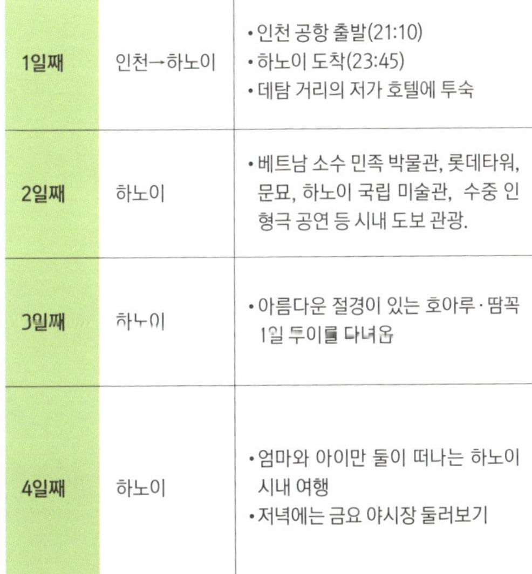

5일째	하노이→ 라오까이	• 호텔에 짐을 맡겨 두고 하노이 시내 관광 • 저녁에 호텔에서 짐 찾고 이동 준비. 하노이역에서 밤기차 타기(21:30)

6일째	라오까이→ 박하→사파	• 라오까이역에 도착(05:30) • 박하로 이동하여 박하 일요 시장 둘러보기. 화려한 색상의 옷을 입는 플라워 몽족 의상이 인상적임 • 사파로 이동하여 호텔 투숙

7일째	사파→ 몽족 마을	• 블랙 몽족 마을 트레킹 • 몽족 마을에서 하룻밤 묵으며 개울에서 놀고, 전통 방식의 염색 체험도 하고, 밤하늘 가득한 별도 감상하기

8일째	몽족 마을→ 사파	• 마을 어른들과는 물물교환 장터, 아이들과는 다양한 체험 놀이를 함 • 몽족 마을 트레킹 • 사파 시내 숙소로 돌아와서 씻고 시내 어슬렁거리기

9일째	사파	• 판시판산의 케이블카를 타려 했지만 흐린 날씨에 가까운 함롱산으로 변경. 소수 민족의 민속춤 공연, 동굴과 기암괴석, 멋진 전망을 감상 • 사파 마을 둘러보기

10일째	사파→하노이	• 아름다운 경치 보며 여유로운 개별 시간 보내기 • 오후 4시 하노이행 침대 버스 탑승 • 밤 10시 하노이에 도착하여 호텔에 투숙

11일째	하노이	•호치민 묘를 참관하려 했으나 줄이 너무 길어서 포기 •하노이 시내 관광도 하고 쇼핑도 하며 여유 있는 시간
12일째	하노이→하롱베이	•하롱베이 1박2일 투어. 배를 타고 아름다운 하롱베이 일대 유람한 후 배에서 숙박. 카약, 수영, 밤낚시, 별밤 즐기기
13일째	하롱베이→하노이	•하롱베이 투어에서 돌아옴 •맛집에서 식사를 즐긴 후 하노이 야시장 구경
14일째	하노이	•하노이 시내 개별 여행 •호텔 룸을 하나 빌려서 비행기 타기 전에 씻고 휴식
15일째	하노이→서울	•새벽에 하노이 출발(01:45) •아침에 인천 공항 도착(07:55)

CHAPTER 1

여행은
아이를
자라게 한다

아이와 여행을 떠나는 이유

아이는 어디서든 귀여움을 받는다

"여권에 출국 도장이 찍히는 순간부터 너희는 한국을 대표하는 어린이들이야. 너희가 잘못 행동하면 한국의 모든 어린이들이 욕을 먹게 돼. 너희가 인사도 하지 않고 친절에 감사하지도 않는다면, 한국 어린이가 다 그런 줄 알 거야."

여행을 떠날 때, 나는 아이들에게 아주 기본적인 예절부터 다시 이야기하곤 한다. 외국인 중 누가 한국에서 나쁜 짓을 하면 그 나라 사람들은 다 그런가 보다 하고 생각하게 되는 것처럼, 우리가 해외에 나가서 하는 행동도 한국을 대표하게 된다. 그래서 아이들에게도 대한민국 어린이를 대표하는, 막중한 임무를 부여해 주었다.

아이들도 책임감을 느꼈는지, 여행 내내 깜짝 놀랄 만큼 싹싹하고 예의 바른 모습을 보여 주곤 했다. 어디에 가든 먼저 웃으며 인사했고, 물건을 살 때도 눈을 마주치며 공손하게 사람들을 대했다. 인사는 만국 공통어이다. 언어가 안 통해도 간단한 인사 한 마디와 상대방을 배려하는 눈빛은 통하기 마련이다. 그 힘이 얼마나 큰지 여행을 통해 확실히 느낄 수 있었다.

　아이들이 웃으며 인사할 때, 어떤 어른이 안 웃어 주겠는가! 전 세계 어딜 가나 어린이는 따뜻한 배려와 보살핌의 대상이다. 아이들이 먼저 살갑게 다가가니, 뜻하지 않은 친절을 경험하게 될 때도 많았다. 물건을 사면 덤이라도 하나 더 주고, 사지 않아도 맛보라며 주고, 자기가 먹을 것을 나눠 주거나 심지어 사 주려는 어른도 있었다. 그런 걸 보면, 아이를 귀여워하는 마음은 세계 어디나 다 똑같은 것 같다.

　한번은 태국 길거리에서 아이스커피 한 잔과 아이스초코 한 잔을 산 적이 있었다. 그때 우리 일행에는 엄마 3명과 아이 5명이 있었다. 우린 잠시 후 성대한 저녁을 먹어야 했기에, 한 모금씩만 마시기로 하고 딱 두 잔만 주문했다. 그런데 아저씨가 아이스초코를 계속 만드시는 것이다. 나는 영문을 몰라 당황스러웠다. 처음에는 아이들이 많으니 아이스초코를 컵 두 개에 나눠 주시는 건가 생각했지만, 컵이 계속 늘어

방콕의 길거리 카페 아저씨는 아이스초코를 선물해 주었고 호치민의 도너츠 아저씨는 재미닌 기념사진을 남겨 주었다.

나니 주문을 잘못 알아들으셨나 싶어 불안해졌다. 알고 보니 아저씨의 마음은 그냥 단순했다. 예쁜 아이들에게 한 잔씩 다 주고 싶은 마음이었던 것이다.

　우리는 뜻밖의 호의에 기뻐하며, 감사 인사를 드린 후 길을 건너가려 했다.

그런데 퇴근 시간의 차도는 차가 가득한 데다 횡단보도도 없어 길 건너기가 막막한 상황이었다. 이때 아저씨가 상황을 알아차리고 옆 건물 경비원을 불러 아이들이 건너갈 수 있도록 차를 막아 달라고 부탁하셨다. 덕분에 우리는 안전하게 넓은 길을 건너갈 수 있었다. 여행 중인 외국 어린이들에게 후한 친절을 베풀어 주신 아저씨 덕분에, 태국이란 나라는 우리 모두에게 마음이 따뜻하고 친절한 나라로 남게 되었다.

아이와 해외여행을 떠날 때, 엄마는 걱정쟁이가 된다. 하지만 너무 걱정하지 말자. 내 아이가 엄마 생각보다 훨씬 의젓하게 잘 해내고, 어디서나 귀여움 받는 존재라는 걸 알게 될 것이다.

아이들이 먹기 좋게 코코넛을 잘라 주시는
베트남 무이네의 코코넛 아주머니

무이네 사막에서 배낭여행하는
스웨덴 언니 오빠들과 함께!

아이들끼리는 통하는 것이 있다

여러 차례 여행을 하면서 늘 감탄하는 일이지만, 아이들은 정말 쉽게 친해진다. 언어가 통하지 않아도 아이들은 함께 놀 수 있는 탁월한 능력이 있다. 어떤 과정을 거쳐 친해지는지 지켜볼 수는 없었다. 어찌나 번개 같은지 아이들끼리 처음 교감하는 그 순간을 본 적이 없다. 아마 엄마가 지켜보고 있었다면 그 순간은 만들어지지 않았을지도 모른다. 어떻게 친해졌느냐고 물어봐도 "그냥!"이라는 대답뿐이다. 아이들끼리는 그들만의 언어가 있는지도 모른다는 생각이 든다.

한번은 베트남의 몽족 마을에서 홈스테이를 하게 되었다. 기왕이면 마을 아이들과 함께 놀면 좋겠다 싶어서, 공기, 팽이, 색종이 등의 놀잇감을 준비해서 갔다. 말도 통하지 않는 아이들이 잘 어울려 놀 수 있을까 염려했던 것이 무색하게노, 마을에는 한바탕 놀이판이 벌어졌다. 아이들은 함께 어울려 놀잇감을 가지고 놀고, 여자 아이들은 오손도손 머리를 맞대고 서로 손톱도 색칠해 주었다. 그 모습이 얼마나 예쁘던지!

이런 순간에 엄마는 좀 빠져 있어야 한다. 여행 중에는 언제 어떤 위험이 도사리고 있을지 모르기 때문에 아이가 뭔가를 할 때는 잘 지켜봐야 하지만, 아이에게 엄마가 신경 쓰이지 않는 수준에서 해야 한다. 아이가 뭔가를 스스로 해 보려면 엄마의 눈길이 없어야 한다. 언제나 엄마가 눈을 동그랗게 뜨고 쳐다보고 있다면 아이의 마음은 복잡해진다. '내가 이러면 엄마가 뭐라 그러겠지?' '이거는 하지 말라고 그러겠지?' '내가 실수하면 어떡하지?' 이런 생각이 들면 아이는 아무것도 시도하지 못하게 된다.

우리는 지금 여행을 떠나왔다. 아이에게 하나하나 간섭하고 싶은 마음을 잠시 내려놓고 그냥 지켜봐 줄 시간이다. 어느새 낯선 친구들을 사귀어 재미난 시간을 보내고 의기양양해진 아이들 눈빛에는 '나, 이런 사람이야! 어때?'라고 쓰여 있다. 이렇게 세계의 사람들과 만나며 아이들은 자신감을 갖게 된다. 아이를 지켜보는 엄마도 기특한 마음에 하트 뿅뿅 눈빛으로 마구 칭찬의 말들을 쏟아내게 된다.

아이는 한국에 돌아와서도 가끔 재미난 놀이, 특히 부피가 크지 않은 놀잇감들을 다음 여행의 준비물로 점찍어 놓는다. 그렇게 언제 다시 떠날지 모르는 여행을 아이는 준비한다. 이런 놀잇감들이 여행지에서 만나는 다양한 사람들과 친해지는 방법임을 아이가 알게 되었고, 그 즐거움을 또 다시 느끼고 싶다는 의미일 것이다.

아이들은 말이 통하지 않아도 놀 수 있다. 필리핀 나숙부 바닷가의 아이들도, 베트남 나짱의 온천에서 만난 러시아 꼬마도, 베트남 사파의 몽족 아이도 금세 친구가 되었다.

삶에 대해 생각하다

이번에는 좀 무거운 이야기를 하려 한다. 여행이 단순히 즐거움만을 주는 것은 아니다. 때로는 삶에 대해 많은 생각을 하게 한다. 비록 아이들일지라도 말이다.

태국 치앙마이의 도이수텝 사원에 갔을 때였다. 계단에서 전통 의상을 입은 꼬마를 만났다. 너무 귀여워 사진을 찍었더니, 그 아이의 엄마가 와서 사진 찍은 대가를 요구했다. 아이는 놀러 온 것이 아니라 일하는 중이었던 것이다.

베트남의 시골 마을에 돌아다니며 관광객들에게 물건을 파는 아이가 있었다. 바닷가라서 그런지 소라껍데기로 만든 기념품을 팔고 있었다. 우리 아이들과 비슷한 또래로 보였던 그 베트남 꼬마는 우리에게 다가오지 않았다. 베트남 무이네의 모래사막에도 미끄럼 타는 깔판을 돈 받고 빌려 주는 아이들이 있었다. 그 아이들도 우리에게는 아무도 다가오지 않았다. 어색하고 민망한 상황이었다. 학교에 있어야 할 시간에 관광지에서 물건을 팔아야만 하는 이 아이들의 자존심이, 또래 아이들이 포함된 우리 팀에게는 허락되지 않는 것 같았다.

전통 의상을 입고 관광객과 사진을 찍는 태국 꼬마　　베트남 시골 마을에서 물건 파는 아이

　여행 전문가들은 관광지에서 무언가를 팔거나 구걸하는 아이들에게 돈을 주거나 물건을 사 주면 안 된다고 한다. 아이가 아버지의 하루 일당보다 많은 돈을 벌게 되면, 결국 그 아이는 영원히 학교에 갈 수 없게 된다는 것이다. 하지만 이 말에 수긍을 하면서도 막상 그런 아이들을 마주하면 차마 매몰차게 돌아설 수 없는 것이 엄마 마음이다. 고심 끝에 캬라멜이나 사탕 같은 작은 선물을 준비하기로 했다. 돈이 아닌 것으로 현지 아이들과 함께하고 싶어서 내가 찾은 방법이 있다.

　그런 날에는 차로 이동하는 시간이나 저녁 식사 시간을 이용해서 아이들과 이야기를 나눠 본다. 일하는 아이들을 보며 어떤 생각을 했는지, 그 아이들이 처한 상황이 어떤지, 그 아이들의 기분이 어떠했을지, 교육이 어떤 기회를 주는지 등 많은 이야기가 오간다. "얘들아, 너희가 얼마나 행복하게 살고 있는지

엘리펀트 네이처 파크에서 코끼리를 목욕시키고 먹이 주는 아이들

알아? 그러니 감사한 줄 알아." 이런 말은 필요 없다. 감사를 강요하지 않아도 자연스럽게 마음에 와 닿는다. 이미 충분히 아이들은 느끼고 있을 것이다.

한걸음 더 나아가 여행 중에 봉사 활동을 한 적도 있었다. 태국의 엘리펀트 네이처 파크(Elephant Nature Park)는 학대받은 코끼리를 구출해서 치료해 주는 곳이다. 우리는 이곳에서 짧은 시간이지만 코끼리를 씻기고 먹이를 주는 봉사 활동을 했다. 아이들은 다친 코끼리들을 돌보며 동물 학대라는 무거운 주제를 피부로 느꼈을 것이다. 신기한 코끼리 쇼를 구경하는 것도 여행의 즐거움이겠지만, 다친 코끼리와 함께한 시간이 아이들에게는 더 큰 추억으로 남지 않았을까?

다양성을 받아들이다

아이와 함께한 첫 배낭여행은 아이가 7살 되었을 때였다. 아이가 호기심도 많고 한참 질문도 많이 할 때였다. 아이와 함께 TV 뉴스를 시청하는 것조차 어려웠다. "저 아저씨는 무슨 죄를 지은 거야?" 차마 아이에게 말해 줄 수 없는 죄들은 세상에 너무 많았다. 드라마를 시청하는 것도 쉽지 않았다. "왕비 아줌마가 왜 화를 내고 있는 거야?" "엄마는 뭘 보고 왜 한숨을 쉰 거야?" "저 언니는 왜 우는 거야?" 묻는 말에 전부 설명을 해 주기는 정말 힘들었다. 복잡한 어른들의 심리를 어떻게 아이에게 다 이해시켜 줄 수 있을까?

그런 아이와 태국을 여행하며 걱정되는 것이 하나 있었다. 바로 트랜스젠더였다. 물론 우리가 그들이 나오는 공연을 보거나 하지는 않았지만, 태국에서 여행하다 보면 그들을 섭할 기회기 많다. 나는 20대 초반에 혼자 태국을 여행하며 여러 차례 기겁한 경험이 있었다. 그 당시만 해도 트랜스젠더의 존재를 몰랐기 때문에, 여행 중에 만난 그들 때문에 깜짝 놀라기도 했고 머릿속이 복잡했었다. 만일 7살 꼬마가 그들에 관해 물어본다면 난 어떻게 대답을 해야 할까?

베트남 박하 일요시장에 모인 고산족 아주머니들과
태국 치앙마이 반통루앙 마을의 고산족 아주머니

태국 암파와의 수상 시장에서
물건을 파는 주민. 사람들이
살아가는 모습은 제각기 다르다.

여행의 중반을 넘어가던 어느 날, 드디어 올 것이 왔다. 맛집으로 소문난 식당을 찾았는데, 그 식당의 종업원들 상당수가 트랜스젠더였다. 남자답고 씩씩하게 생긴 얼굴에 곱게 화장을 하고, 항공사 여자 승무원 스타일로 머리를 단정히 묶고 있었다. 말할 때도 상냥한 여성의 목소리를 내려고 애쓰고 있었다. 나는 이제 질문이 들어오겠구나 싶어서 한껏 긴장하고 있었다.

"엄마, 화장실!"

"언니한테 물어봐."

"엄마, 언니 아니고 아저씨인데."

그러더니 종업원에게 화장실이 어디 있는지 물어보러 갔다. 화장실에 다녀와서도 다행히 질문은 없었다. 질문을 좋아했던 우리 일행 아이들 중 누구도 질문하지 않았다. 여행하면서 워낙 다양한 사람들을 만났기 때문인지, 오늘 만난 트랜스젠더 언니인지

태국의 한 맛집에서
곱게 화장한 아저씨들과 한 컷!

아저씨인지는 그냥 그 스타일을 좋아하는 독특한 사람쯤으로 아이들은 생각하는 듯했다. 질문하지 않아서 고마웠다. 나는 참 고리타분한 어른이었고, 아이들은 다양성에 대해 쉽게 받아들이는, 아주 마음 넓고 기특한 어린이들이었다.

그 후로도 우리는 여행하며 정말 많은 사람들을 만나게 되었다. 그중에는 우리와 다른 피부색을 가진 인종도 있었고, 독특한 전통 문화를 고수하면서 사는 소수 민족도 있었다. 온몸을 가리고 눈만 보이는 사람의 여인도 있었고, 요란한 피어싱이나 타투, 레게 머리로 한껏 멋을 부린 사람도 있었고, 목에 링을 끼우고 사는 카렌족의 여성들까지 있었다. 다양한 사람들을 접하면서 좋은 것과 나쁜 것을 나누는 이분법적 사고가 아니라 상대를 있는 그대로 받아들이게 되었다. 이것 또한 여행이 주는 선물이 아닐까 싶다.

고정관념을 깨다

여행하다 보면 나의 견고한 틀이 깨지는 느낌을 받는 순간이 찾아온다. "헉!" 하는 감탄사만 내뱉을 뿐, 할 말이 없어지는 순간이다. 그런 순간이 찾아오면 감사한 마음이 들기도 한다.

그런 순간이 사막에서 찾아왔다. 멀리 아랍까지 가지 않아도 베트남의 무이네에 가면 사막을 만날 수 있다. 그 여행에서 사막 투어는 가장 중요한 일정 중 하나였다. 드디어 내 눈으로 보게 된 사막은 물론 너무나 아름다웠지만, 사막의 환경은 만만치 않았다. 모래바람이 쉴 새 없이 불어서 긴 소매를 입지 않으면 살이 따가울 정도였다. 왜 사막에 사는 사람들이 더운데도 온몸을 가리고 다니는지 알 것 같았고, 선글라스 없이는 눈조차 뜨기 힘들었다. 사막의 아름다운 경관을 보기 위해서는 모래바람을 감수해야 하는 것이었다.

그런 사막에서 순간 내 머리를 쾅 때리는 듯한 충격이 가해졌다. 웬 서양인 부부가 웨딩 촬영을 하고 있었던 것이다. '웨딩 사진이란 고급스러운 인테리어로 장식된 안락한 스튜디오에서 조명을 받으며 찍는 것이 아닌가? 이렇게 눈 뜨기도 어렵고 살도 따가운 험난한 환경에서 찍을 수도 있는 건가? 이 신혼부부는 여기서 뭘 하고 있는 거지? 이럴 수도 있다니!'

베트남 무이네의 사막에서 만난 러시아 신혼부부

　그들은 러시아에서 온 신혼부부였다. 베트남에는 유독 러시아 사람들이 여행을 많이 온다. 아마도 러시아와 베트남은 같은 사회주의 국가라 오래전부터 교류가 많았고, 러시아 사람들에게는 베트남이 따뜻한 여행지로 인기가 있는 것 같았다. 내 추측에는 말이다.

　사막에서의 웨딩 촬영이라니 신선했다. 남들이 다 하는 장소가 아니라, 거칠지만 아름다운 사막에서 평생의 추억을 남길 수 있다니 부러웠다. 왜 나는 웨딩 촬영은 스튜디오에서 하는 거라고만 생각하고 있었을까. 어쩌면 이 여행을 함께했던 아이 중 누구 한 사람은 민 훗날 사막으로 웨딩 사진 찍으러 가지 않을까 하는 생각도 문득 들었다.

　여행에서 돌아온 지 한참이 지난 어느 날, 여행 사진을 보던 딸이 말한다.

　"엄마, 나 사막에 웨딩 사진 찍으러 갈 거야. 남자 친구가 여행을 좋아해야 할 텐데." 내 이럴 줄 알았다. 누구 딸인데……

여행이라는 공감대가 생기다

여행의 횟수가 늘어날수록 아이와 공통적으로 좋아지는 TV 프로그램이 있다. 〈걸어서 세계 속으로〉, 〈세계 테마 기행〉, 〈정글의 법칙〉, 〈꽃보다 청춘〉 같은 여행 프로그램이다.

또래의 꼬마가 좋아할 프로그램이 아니지만 딸아이는 넋을 놓고 프로그램을 시청했다. 여행의 경험이 있기 때문에 쉽게 감정이입하여 본인이 여행을 하는 것처럼 그 프로그램에 푹 빠져서 시청한다. 낯선 도시에 도착한 여행자의 긴장감, 난처한 상황에 빠진 주인공들의 마음이 고스란히 전달된다. 여행 중에 좋은 사람들을 만나 도움을 받거나, 꼭 필요한 물건을 저렴한 가격에 구하거나, 문화가 달라 황당한 상황에 처했을 때도, 아이과 나는 그들의 마음이 어떤지 너무도 잘 알아서 함께 여행하고 있는 느낌이 든다.

어느 날 〈꽃보다 청춘〉을 여럿이 시청하고 있었다. 그런데 딸과 나만 박장대소하며 웃고 있는 것을 발견했다. 아무도 안 웃고 있는데, 왜 우리만 웃고 있었을까? 아마도 비슷한 여행을 경험한 우리만 깊이 공감할 수 있는 내용이었던 것 같다. 아이와 나만 통하는 순간이다. 언젠가는 우리도 그곳에 갈 수 있는 날이 오길 바라며, 오늘도 우리만의 공감대를 형성하고 있다.

멋진 여행의 추억은 다음 여행을 꿈꾸게 한다.

"엄마, 우리도 저기 가면 좋겠다."

여행 프로그램을 자주 보다 보니, 가고 싶은 나라들이 하나둘 늘어났다. 아이가 성장하면서 여행 가고 싶은 나라와 그 이유도 다양해졌다. 세계의 나라들에 관심이 날로 커져서 지금은 세계사에 대한 책도 찾아 읽곤 한다.

게다가 명절에 친척들에게 용돈을 받으면 여행 가야 한다며 은행에 차곡차곡 모으고 있다. 인형이며 장난감이며 얼마나 사고 싶은 것들이 많을까? 그런데 한 번도 흔들림 없이 저축을 했다. 그렇게 모은 돈이 100만 원이 넘은 지 한참이다. 나중에 유럽 여행을 가게 되면 그때 그 돈을 쓰겠다며 말이다.

재미난 여행 인증샷을 꺼내 볼 때마다
엄마와 아이만 아는 추억이 새록새록
떠오른다.

생각이 세계로 넓어지다

TV 뉴스에서 한 번이라도 다녀온 나라나, 여행 중에 만났던 사람들의 나라 소식이 전해지면 자기 나라 일처럼 걱정하고 관심을 갖게 된다. 방문했던 그 도시가 생각이 나고, 여행 중에 만났던 그 누군가가 걱정이 되는 것이다. 그러다 보니 세계 여러 나라들 간에 얽혀 있는 문제들, 사람들의 이기심이 불러일으킨 환경 문제, 정치적인 문제로 생긴 유혈 시위나 비상계엄령, 태풍 등의 자연재해로 입은 큰 피해 등, 이 모든 것들로 관심의 폭이 커지는 것은 당연하다.

때로는 설명해 주기 벅찬 문제들도 있다. 이런 문제들에 대해 단답식으로 대답할 수도 없다. 그럴 때는 인터넷을 검색해서 내가 충분히 이해한 후에 대답해 준다. 지도도 그려 가면서, 때로는 역사적 이야기들도 첨가하여 깊은 대화를 주고받기도 한다. 물론 그 모든 것을 아이가 이해할 거라 생각지 않는다. 그중에 아주 조금이라도 이해하고, 그 문제에 대해 생각해 본다는 데 의의를 두어 본다. 어쩌면 이런 대화가 나중에 배울 사회, 지리, 지구과학, 세계사 공부에 도움이 되지 않을까 하는 엄마의 욕심이 들어가기도 한다.

초등학교 고학년이나 중학생이 된 아이라면 엄마의 생각을 너무 강요하여 주입하진 말아야 한다. 어떤 문제든 양측의 입장들을 모두 이야기해 주는 것도 의미가 있다. 엄마가 동의하지 못하더라도 말이다. "한편에선 이런 생각을 하는 사람들도 있지. 네 생각은 어떤 것 같아?"

몇 년 전 싱가포르 여행 때의 일이다. 엄마 하나, 아빠 둘, 아이 둘, 이렇게 5명의 좀 특이한 멤버 구성이었다. 멀라이언 파크(Merlion Park)의 멀라이언 조각상 옆에 자리 잡고 앉아 야간에 펼쳐지는 레이저 쇼를 구경하고 있었다. 그때 미국의 보스턴 마라톤 대회에서 테러 사건이 일어났다는 소식을 듣게 되었다. 외국에 나와 공공 장소에서 소식을 접하고 나니 먼 남의 이야기가 아니었다. 우리가 앉아 있는 이 자리에서도 일어날 수 있는 일이었다.

그날 아이들 기억 속에 레이저 쇼보다 더 깊이 남은 것은 테러에 대한 대화였다. 테러라는 것이 왜 생기는 건지, 그들이 원하는 것은 무엇인지, 절대로 사람들의 목숨을 담보로 자신의 생각을 관철시키려 하면 안 되며, 테러로 인해 얼마나 많은 사람들이 희생되고 상처 입는지에 대해 긴 대화를 나누었다. 숙소로 돌아와서도 초등학교 3학년이었던 시현이와 다영이는 씻지도 않고 시현이 아빠와 테러에 대해 한참 대화를 나눴었다.

아이들은 신나고 흥분해 있었다. 초등 3학년들이 나누기에는 어려운 주제였다. 어른들이나 나눌 것 같은 대화의 상대로 동등하게 대해 주는 것이 그 아이들을 흥분시켰을까? 뭔가 성숙하고 대견스럽게 자기 자신이 생각되었던 것 같다. 하루 일과를 마치는 시간이라 피곤했을 텐데도, 어른들의 세상 이야기에 밤을 새울 기세였나.

여행 중에는 다른 나라에서 일어나는 다양한 일들이 이렇게 자연스레 우리의 대화 소재가 된다. 버스에서, 기차에서, 지는 해를 감상하다 두런두런 나누는 이야기의 주제가 되곤 한다. 여행이 주는 또 하나의 즐거움이다.

아이에게로 가는 길을 만들다

박물관이나 학교에서 여러 가지 활동을 하면서 아이들을 만나다 보면 마음 아플 때가 있다. 어떤 것에도 감흥이 없는 아이들을 만날 때 그렇다. 궁금한 것도 없으니 '왜?'라는 생각을 당연히 할 수 없다. 부모가 시키는 대로 학교에 가고 학원에 가고 박물관에 올 뿐이다.

아이는 부모가 주는 대로 받아먹을 뿐인데, 부모는 아직 소화가 되지도 않은 아이에게 더 많은 것을 주기 위해 헉헉대는 경우가 많다. 아직은 때가 아닌데 채워 넣으려고 하면 역효과만 난다. 아이들은 다 다르니, 가르치는 때도 달라야 한다. 조금 늦게 가는 아이도 있고, 더 많이 늦게 가는 아이도 있다. 사실 지나고 보면 다 같아지는데 부모의 맘은 늘 불안하다. 불안은 엄마를 일방통행하게 만든다.

세상의 엄마들은 내 아이가 언제 가장 행복한 얼굴을 하는지, 언제 설레며 눈빛이 반짝이는지, 어떤 말로 엄마와 사랑을 나눠 주는지, 무엇이 아이를 화나게 하는지, 무엇을 다른 사람들보다 잘 견뎌 내는지 얼마나 잘 알고 있을까? 고백하자면 나도 내 아이를 잘 모른다. 앞으로도 얼마나 더 알아야 내 아이를 잘 안다고 말할 수 있게 될지도 모르겠다. 다만 바라는 것이 있다면 마음과 마

다정이, 효린이, 다영이, 예건이, 예준이, 고은이.
여행을 하다 보면 평소에 보지 못했던
아이의 여러 얼굴을 만나게 된다.

여행은 아이와 이야기 나눌 다양한 소재들을
끝없이 공급해 준다.

음이 통했으면 하는 바람만이 있다. 서로의 마음이 오가는 길을 많이 만드는
것, 그것이 나의 바람이다.

그런데 사실 바쁜 일상 속에서는 내 아이를 들여다보기가 쉽지 않다. 늘 함
께하면서도 말이다. 이제 아이 손을 잡고 집을 떠나 여행을 오니, 밥도 안 해도
되고 빨래도 안 해도 되고 학원도 안 가도 된다. 온전히 나와 내 아이만 있고
서로에게 집중하게 된다.

여행은 육체적으로 힘든 일이고 줄곧 긴장하며 모든 감각의 안테나를 세우
게 되어 평소보다 에너지 소비도 많다. 그 속에서 그동안 몰랐던 아이의 모습
을 발견한다. 때로는 내가 모르던 멋진 모습도, 때로는 실망스러운 모습도 있
다. 이미 알고 있었던 모습도 여행하다 보면 더 도드라져 드러난다. 여러 가족
이 함께한 여행이라면 아이들도 여러 명이라 서로 싸우기도 하고, 경쟁을 하기
도 하고, 깔깔대며 놀기도 한다. 또한 서로에 대한 배려도 커진다.

깜짝 놀랄 수도 있지만, 진짜 아이의 모습에 겁먹을 필요까진 없다. 마음의 준비를 하고 받아들이자. 이렇게까지 말하는 것은 아마도 내가 당황했던 경험이 많아서일 것이다. 그러나 여행의 횟수가 늘어감에 따라, 이제는 오히려 내가 모르던 아이의 새로운 모습을 발견하기를 기대하게 되었다. 그때가 오면 엄마들이 놓치지 않고 알아챌 수 있기를, 당황하지 말고 의연하게 대처하길 바란다. 나의 사랑하는 아이가 아닌가.

여행 중에는 의외로 시간이 많다. 다른 일행이 있어도, 내 아이와 단둘이 이야기 나눌 시간이 참 많다. 버스를 기다리며, 기차에서, 혹은 길에서 나란히 앉아 같은 곳을 바라볼 수 있는 시간, 눈 맞추며 마주 보는 시간이 참 많다. 그럴 때 평소 차곡차곡 접어 두었던 마음을 하나하나 열어 보자.

"그때는 엄마 맘이 그렇더라." 하고, 엄마 마음을 먼저 말해 보자. 그리고 아이의 이야기도 많이 들어 주자. 눈 맞추며 많이 웃어 주자. 그동안 서로 접어 두고 나누지 못한 이야기가 있을 것이다. 멋진 경치 바라보면서 충분한 시간을 갖고, 하고 싶었던 이야기들을 나눠 보자. 절대 아이를 야단치는 시간이 돼서는 안 된다. 마음을 꼬집어 아이를 아프게 하지는 말자. 엄마가 사과해야 할 일이 있다면 먼저 사과도 하자. 쑥스러워도 엄마가 용기를 내어 보자.

매일 반복되는 일상 속에서는 아이에게로 가는 길을 만드는 것도, 변화하는 것도 어렵다. 우리의 일상이란 한자리에서 계속 돌아가고 있는 다람쥐통 같아서 그 안에서 뛰어나오기가 정말 힘들다. 여행은 잠시 그 다람쥐통을 벗어나서 쉬어 갈 수 있는 기회이다. 낯선 곳에서 서로를 지켜봐 주고 이야기 나누면서, 나와 아이 사이에 보이지 않는 길을 하나씩 만들게 될 것이다.

CHAPTER 2

빈틈없이
꼼꼼하게

초보 엄마의 여행 준비

여행 목표 세우기

여행에도 목표가 있어야 한다. 여행은 그냥 즐기면 되지 굳이 목표가 필요하냐고 반문할 수도 있다. 하지만 자유 여행에서는 많은 것을 스스로 결정하고 선택해야 한다. 많은 부분이 이미 정해져 있는 일상의 삶과는 달리, 여행을 시작한 순간부터는 결정과 선택의 연속이다.

'저 사람에게 말을 걸까, 말까?' '이걸 먹을까, 저걸 먹을까?' '이 숙소로 할까, 저 숙소로 할까?' '저기를 가서 볼까, 여기만 볼까?' '이걸 사, 말아?' 여행을 하다 보면 끊임없이 선택해야 하는 순간들과 맞닥뜨린다. 결정하다 지쳐 누군가가 대신 해 주기를 바라는 마음이 생길 정도이다. 이럴 때 여행의 목표가 있다면 훨씬 결정하기가 쉬워진다.

여행의 목적을 분명히 하고, 나름대로의 목표를 세워 보자. 이때 목적과 목표는 여행 장소가 되어서는 안 된다. 어떤 장소에 가는 것 자체가 중요한 것이 아니고, 그곳에 왜 가야 하며 무엇을 얻을 것인가가 중요하다.

여행 목표 세우기 예시

내가 아이와 여행하며 고민했던 것들을 정리해서 만들어 본 여행의
목적과 목표다. 일단 생각나는 것을 죽 적다 보면, 그중에서 꼭 해야
할 것들이 간추려진다. 이렇게 목표를 정리해 두면 여기에 살이 붙
어 풍성한 여행을 할 수 있게 된다.

여행의 목적	**아이와 함께 세상을 알아가기**
큰 목표 *모든 여행에 적용됨	• 짧은 시간에 많은 것을 보려고 하지 말자. (다 안 봐도 괜찮다.) • 여행서에 나온 코스를 그대로 따라 하지 말자. • 여행에 여백을 만들자. • 숙소는 싼 곳부터 비싼 곳까지 골고루 이용한다. • 현지의 다양한 교통수단을 이용한다. (그래야 그 나라와 사람들을 느낄 수 있다.) • 여행 기간 중 한국 식당은 1번만 이용한다. (한국 음식은 한국에서! 하지만 여행에 지쳐 있을 때 한국 음식은 힘을 나게 한다.) • 현지 사람들과 최대한 많이 눈 맞추고 웃으며 인사한다. • 감사는 바로바로 표현한다. • 엄마인 나도 틈틈이 힐링하자. (때로는 아무 생각 없이, 때로는 치열하게.)
작은 목표 *여행마다 달라짐	• 사막에서 신나게 놀아 본다. • 수상 가옥에서 잠자 본다. • 침대 기차를 타 본다. • 공정 여행에 대해 생각해 보고 우리 여행에 접목시킨다. (ex. 치앙마이 엘리펀트 네이처 파크 방문) • 소수 민족의 삶을 엿본다. • 그 나라를 이해할 수 있는 공연을 잘 선택해서 관람한다. • 서점에 가 본다. • 여행하는 마을의 아이들과 함께 놀아 본다.

어디로 갈 것인가?

여행지를 선택하는 것은 쉬운 일은 아니다. 정보가 너무 많아서, 또는 너무 없어서 선택이 어렵다. 내 경우에는 여행 관련 TV 프로그램을 일부러 찾아보지는 않지만 어쩌다 보게 될 경우 마음에 팍 와 닿는 여행지가 생긴다. 그 후에 그 여행지에 대한 카페나 블로그의 여행기를 꼼꼼히 읽는다. 그리고 꼭 가 보고 싶은 곳인지 그냥 넘어갈지 판단한다. 지인의 추천으로만 여행지를 정할 수는 없다. 다른 사람의 의견은 어디까지나 참고일 뿐이고, 다양한 정보를 통해 내가 판단해야 한다.

그곳을 아이와 함께 경험한다면 어떨지가 가장 중요한 포인트다. 언젠가는 나만을 위한 여행을 하게 되겠지만, 아이를 키우고 있는 지금은 아이와 함께하는 여행이라는 것에 중심을 두고 있다. 어떤 멋진 경험을 하게 될 것인가! 어떤 이야기들이 우리에게 만들어질 것인가! 어떤 세상을 만나게 될 것인가! 마음에 팍 꽂힐 때는 이유가 있다. 단순히 아름다워서가 아니다. 아이들에게 특별한 경험이 될 만한 여러 가지 요소가 그 안에 있기 때문이다.

그렇게 여행지가 정해지면 그 주변에 함께 여행할 수 있는 다양한 곳들을 탐색해서, 이를 바탕으로 여행 일정을 짠다. 이때 비로소 도서관에서 다양한 책

TV를 보다가, 혹은 여행서를 읽다가 문득 가고 싶은 장소를
발견하기도 한다.

들을 찾아 읽게 된다. 가끔은 여행서를 읽다가 가고 싶은 장소를 발견하기도
한다. 꼭 가 보고 싶은 곳을 찾게 되면 맘이 설레어 온다. 그렇게 수첩에, 마음
속에 품은 도시가 하나씩 추가된다.

여행지를 선택하거나 일정을 짤 때 반드시 고려할 점은 아이들의 나이다. 여
러 차례의 여행을 함께했던 일행 중에서 가장 어린 아이는 만 5세 아이였다.
우리 여행은 그다지 강도 높은 여행이 아니라서 6세부터는 가능하다고 생각한
다. 내 딸인 시현이도 7세 때 첫 여행을 시작했다.

6~7세부터 초등 저학년까지의 아이에게는 동남아를 추천한다. 여행하기
에 필요한 기본 근육을 만든다고 생각하면 좋겠다. 비행기 타는 시간도 적당하
며, 저렴한 비용에 다양한 경험들이 가능하고, 저렴한 숙소부터 멋진 숙소까
지 골고루 이용하기에 아주 적절하다. 열대 기후가 주는 자연의 아름다움이 넘
치며, 길거리 음식부터 비싼 레스토랑에서의 식사까지 선택을 자유롭게 할 수
있다. 비용 때문에 망설이지 않아도 되는 행복함이 있다. 동남아라고 너무 우

습게 보지 말자. 나는 여행을 처음 시작하시는 분들에게 동남아부터 시작하시라고 주저없이 추천한다.

초등 고학년부터 청소년에 이르는 시기에는 유럽이나 다른 대륙들이 좋겠다. 학기 중에는 학교 공부로 바쁘고 방학 때는 학원 공부로 더 바빠 시간 내기가 쉽지 않을 테지만, '나는 뭘 좋아하고 관심 있어 하는 걸까?' 하는 고민이 시작되는 청소년기에는 여행이 더욱 필요해진다. 어느 정도 세계사에도 눈뜨고 관심이 생기는 그 나이 때에, 다른 대륙으로의 여행은 좋은 자극이 될 것이다.

또 하나 고려해야 할 사항은 계절과 날씨다. 동남아라고 해서 1년 내내 더운 여름이 아니다. 미세하게나마 계절이 존재한다. 우리가 느끼기에는 1년 내내 여름처럼 느껴지지만 말이다. 멋진 바닷가에 가고 싶다면 우기가 아닌 건기의 바닷가로 택해야 한다. 우기에는 물이 맑지 않기 때문이다. 고산 지대를 여행할 계획이라면 한국이 겨울일 때 그곳도 겨울에 해당한다는 점을 명심해야 한다. 많이 추운 데다가 난방 안 되는 호텔도 있다. 안개가 끼어 경치가 제대로 보이지 않을 수도 있다.

따라서 내가 여행하려는 시기에 여행지의 기후가 어떤지 검토하는 것은 필수다. 여행을 몇 월에 하느냐에 따라서 여행지의 선택이 달라질 수도 있고, 아니면 꼭 가고 싶은 곳이 가장 아름다운 시기에 여행을 가는 것도 방법이다.

여행 초보 엄마를 위한 추천 여행지

여행의 편리성, 많은 정보, 여행 인프라, 저렴한 항공권 등을 고려하여 몇 개 국가를 골랐다. 이 중에서도 자유 여행을 처음 가 보는 엄마라면 1번 태국, 2번 베트남을 추천한다.

Thailand 태국

배낭여행자들의 천국이다. 내가 처음 여행을 떠났던 이십 년 전에도 그랬고 지금도 그러하다. 가끔 정치 문제로 인한 유혈 사태가 매스컴에 보도되지만 한정된 지역에서만 일어나는 일이니 너무 걱정할 필요는 없다. 태국 경제에서 관광으로 벌어들이는 비중이 큰 만큼, 배낭여행객들이 여행하기 편리한 나라 1순위로 꼽힌다.

다양한 교통수단, 풍성한 먹거리가 있고 도움 받을 여행사가 넘친다. 친절한 국민성도 여행을 즐겁게 하며, 여행의 천국인 만큼 세계의 다양한 사람들을 만날 수 있다. 초보 엄마와 아이가 여행하기에 부담 없는 나라가 태국이다.

우리나라와 다른 입헌군주제 국가이기에 국왕이 아직도 존재하고 모든 화폐의 주인공은 국왕이다. 이렇게 정치적 배경이 다른 점도 여행 중에는 좋은 대화 소재가 된다. 또한 불교 국가답게 도처에 사원들이 참으로 많다. 패키지 여행 코스에 있는 유명 사원이 아니라도, 여행하다 보면 자연스레 불교 국가인 태국을 만날 기회가 많다. 첫 여행이라면 태국에서 시작해 보길 적극 추천한다.

Vietnam 베트남

예쁜 아가씨들이 긴 생머리를 휘날리며 아오자이를 입고 자전거를 타고 다닐 것 같은 환상을 갖게 했던 나라이다. 이제는 자전거 대신 오토바이들이 길을 메운다. 아오자이 대신 오토바이 타는 데 편리한 긴 치마와 긴 토시를 입고 다닌다. 매연과 자외선을 막기 위해 다양한 마스크 쓴 모습도 인상적이다. 호치민의 경우 오토바이가 너무도 많아 길에 2/3는 오토바이, 1/3은 차가 다닐 정도이다. 그래서 길에서는 안전에 온 신경이 곤두서곤 한다. 공산당 정권이 다스리는사회주의 국가이며 오랫동안 프랑스 식민지 시절을 겪어서 다른 동남아 국가들과는 다른 독특한 문화를 가지고 있다. 사회주의가 무엇인지에 대한 질문이 나올 수 있고, 프랑스 식민지 문화의 유산을 보면서 일제 강점기의 이야기도 자연스레 나눌 수 있는 나라이다. 또한 우리나라가 참전했던 베트남 전쟁도 화제가 된다. 베트남 전쟁의 세계사적인 배경과 전쟁으로 인한 베트남의 아픔을 생각해 보는 시간을 아이들과 꼭 가져 보기 바란다.

가 볼수록 매력인 넘치는 나라가 베트남이다. 태국만큼 관광 산업이 발달하진 않았지만 자유 여행을 하기에 불편함이 없다. 물가는 태국보다 저렴하며 영어도 어느 정도 통용된다. 남북으로 워낙 긴 국가라 북부(하노이, 하롱베이, 사파, 하이퐁), 중부(후에, 다낭, 호이안), 남부(호치민, 무이네, 달랏, 나짱)로 나눠 여행을 하는 것이 좋겠다.

Philippines
필리핀

세부, 보라카이 등 해양 스포츠를 즐기는 휴양지로는 좋은 곳이다. 하지만 자유 여행을 하는 것은 많은 위험 부담이 있어 추천하지는 않는다. 관광지를 벗어나면 순수한 필리핀의 사람들을 만날 수 있고 아름다운 곳들도 어느 나라에 뒤지지 않을 만큼 많지만 안전상의 이유로 자유 여행보다는 주로 여행사를 통한 패키지 여행이 많이 이뤄진다.

Laos
라오스

아름다운 자연 경관과 때 묻지 않은 사람들이 있는 곳이지만, 처음 여행하는 여행자에게는 좀 버거울 수도 있다. 몇 차례 여행 경험을 쌓은 후라면 적극 추천한다. TV 예능 프로그램 〈꽃보다 청춘〉에 라오스가 소개된 이후로 너무 많은 사람들이 라오스를 찾고 있어서, 한적한 여행지를 찾는 사람들은 오히려 라오스 여행을 포기하기도 한다. 비행기 요금이 저렴하지 않은 것도 단점이다.

Cambodia
캄보디아

수도인 프놈펜보다 앙코르 왕국의 유적지가 있는 씨엠립이 유명하다. 앙코르와트과 앙코르톰 등 크메르인들의 신비롭기까지 한 사원들이 주요 관광지이고, 70년대의 '킬링필드'로 알려진 대학살이 있었던 아픈 역사를 간직한 나라이기도 하다. 위치는 태국과 베트남 사이에 있지만, 베트남의 수도인 호치민과 프놈펜의 거리는 버스로도 이동할 수 있을 만큼 가깝다. 그래서 베트남과 캄보디아를 함께 일정에 잡아도 좋다.

여행 정보 수집하기

외국의 어느 도시를 여행할 기회는 자주 오지 않는다. 어쩌면 이번 기회가 처음이자 마지막이 될 수도 있다. 여행지의 정보는 이 한 번의 여행을 풍성하게 해 준다. 물론 무작정 떠나더라도 아름다운 경치를 감상하고 좋은 사람들을 만나며 예상 밖의 즐거움을 맛볼 수는 있다. 하지만 교통이나 숙소 등의 기본적인 정보는 미리 알고 가야 바가지를 쓰거나 당황하는 일을 줄일 수 있다.

예전에는 여행 정보를 찾을 때 전적으로 여행서에 의지했지만, 요즘은 인터넷에 여행지 이름만 치면 코스부터 맛집까지 엄청난 양의 자료를 구할 수 있다. 하지만 인터넷에서 모은 정보를 너무 믿지는 말자. 스스로의 판단에 중심을 두는 것이 좋겠다. 여행 정보를 자주 업로드하는 블로거 중에는 젊은 청춘들이 많다. 그들과 우리의 여행은 다를 수밖에 없다. 우리에겐 아이들이 있지 않은가? 그들의 좋고 나쁘다는 말 한 마디에 결정하지 말고, 뭐가 문제가 될 수 있는지를 봐야 한다.

누구에게는 괜찮은 일이 나에게는 힘든 일이 될 수도 있으며, 누구에게는 별로인 상황이 나에게는 너무 재미있고 의미 있는 상황이 될 수도 있음을 잊지 말았으면 한다. 겁먹지 말고 즐겁고 넓은 마음으로 도전해 보자.

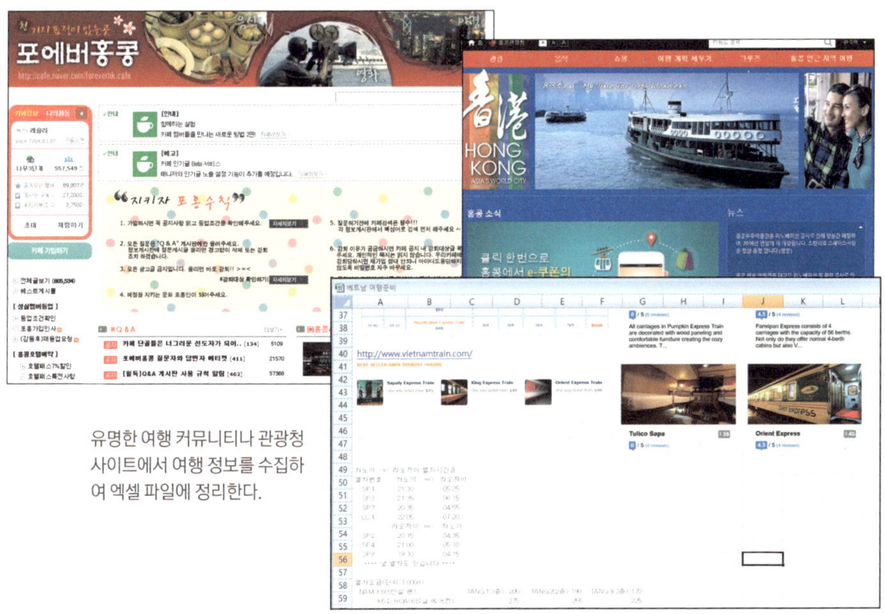

유명한 여행 커뮤니티나 관광청
사이트에서 여행 정보를 수집하
여 엑셀 파일에 정리한다.

　　인터넷을 돌아다니다가 찾은 사이트나 정보는 '한글'이나 '엑셀' 또는 '메모
장' 같은 문서 프로그램을 이용해 그때그때 모아서 정리해 둔다. 나중에 다시
그 정보를 찾으려면 고생하는 수가 있다. 나는 주로 '엑셀' 프로그램을 이용한
다. 이미지 캡처도 페이지 제한 없이 붙여 넣을 수 있고 한 파일에 여러 개의
시트를 만들어 한눈에 정리할 수 있기 때문이다.

　　이렇게 정리된 자료 중에서 여행 시 필요한 것만 출력하면 나만의 작은 가이
드북이 된다. 서점에서 파는 가이드북은 사실 너무 무거워 이렇게 직접 만든
자료가 더 유용하다. 만일 가이드북을 가져가고 싶다면 여행할 도시가 나온 페
이지만 잘라서 가져가는 것도 방법이다.

여행 정보를 얻을 수 있는 곳

인터넷에서 조금만 손품을 팔아도 손쉽게 여행 정보를 얻을 수 있다. 여기서 소개된 곳들 외에도 다양한 개인 블로그의 여행기를 읽어 보면 생생한 정보와 평가를 접할 수 있다.

가이드북

여행 중보다는 여행 전에 가이드북을 더 열심히 보게 된다. 이유는 여행 계획을 짜기 위해서다. 무엇보다 지도가 참 잘 되어 있다. 도시와 도시 간의 거리를 알아야 이동 시간을 파악할 수 있고, 공항 위치와 도심의 숙소 위치를 어느 정도 파악해야 동선을 짤 수 있다. 여행 중에는 구글 지도를 많이 사용하지만 가이드북의 지도는 여행을 준비하면서 큰 도움이 된다. 또한 그 나라의 정치, 경제, 역사, 음식, 문화 등 간략하게 정리되어 있다. 따로 깊이 공부할 것이 아니라면 이 정도의 기본 지식이라도 큰 도움이 된다.

가이드북은 인터넷보다는 서점에 직접 가서 살펴보고 고르는 것이 좋다. 내용과 편집도 살펴보고, 글씨가 너무 작게 편집되어 있어 읽기 힘들지 않은지도 확인하고, 출간된 지 오래된 가이드북은 아무래도 현지 사정과 다를 수 있으니 출판 연도도 살펴보자.

가이드북은 어디까지나 참고용이다. 책에 나온 일정을 그대로 따를 필요는 없다. 자잘한 정보는 너무 신뢰하지는 말자. 작가가 취재를 하고 책이 나오기까지 시간이 걸리니 그 사이에 또 현지 사정이 어떻게 달라졌을지 알 수 없다. 어디까지나 참고로만 하자.

함께 여행 가는 일행과 상의하여 서로 다른 가이드북을 사는 것도 좋은 방법이다. 요즘은 국가별로 된 것과 도시별로 분리된 가이드북이 있다. 한 도시에 오래 머무른다면 도시별 가이드북도 참고하자.

여행할 국가의 관광청

각 나라 관광청 사이트에서는 많은 자료를 제공하고 있다. 태국 관광청은 앱까지 있어 유용한 정보를 얻을 수 있으며, 가이드북과 지도를 신청하면 우편으로 받을 수도 있다. 이렇게 받은 가이드북은 나중에 여행을 다녀와서 아이와 함께 정리할 때, 오려서 여행 책 만들기에도 아주 유용하다. 혹시 관광청 사이트에 들어갔다가 영어로 되어 있다고 실망하지 말자. 메뉴를 잘 보면 한글로 바꿀 수도 있다. 각종 쿠폰들도 구할 수 있다. 시간이 된다면 아이와 손 잡고 관광청 사무소를 직접 방문해 그 나라에 대한 여러 가지 자료를 보며 함께 이야기하는 시간을 만들어도 참 좋다.

한국 관광 공사

해외여행을 준비하면서 한국 관광 공사는 왜 들러 보라는 걸까?

여행하다 보면 많은 외국인들을 만나게 된다. 나는 한국을 얼마나 잘 설명해 줄 수 있을까? 우리나라 대한민국에 대해 얼마나 알고 있을까? 설사 잘 알고 있다 하더라도, 영어로 내가 아는 것을 설명해 주기는 쉽지 않다. 분단 국가인 한국에 살면서 '휴전선'을 영어로 뭐라고 하는지 아는 사람이 몇이나 될까? 오래전 첫 해외여행을 할 때, 내가 얼마나 내 나라에 대해 잘 몰랐었는지 깨닫고 많이도 부끄러웠었다. 한국 관광 공사에는 영어로 된 자료가 많다. 몇 가지 자료를 준비해 간다면 여행 중에 만나게 될 외국인들에게 한국을 잘 알려 줄 수 있다. 가져간 리플렛을 선물로 줄 수도 있다. 이 모든 과정은 내 아이가 세계의 여러 친구들을 만드는 기회가 되기도 한다. 베트남 사파의 몽족 마을에 갔을 때는 그곳 학교에 영어로 된 한국 자료를 주고 오기도 했다.

여행 관련 카페와 커뮤니티

태사랑 www.thailove.net

동남아 여행 커뮤니티 중에서 최고의 정보량을 자랑하며, 많은 여행자들이 이용하고 있다. 태국 여행을 중심으로 한 커뮤니티지만, 캄보디아, 라오스, 베트남, 말레이시아, 인도네시아, 싱가포르, 중국, 미얀마, 인도의 정보까지 있다. 개인적으로도 이곳의 풍부한 정보와 생생한 여행기에 많은 도움을 받았다. 1999년부터 시작되어 15년 넘게 쌓인 정보가 상당하며, 질문을 올리면 여행 고수들이 도움을 준다. 그 도움을 받은 사람들이 고마운 마음에 여행을 다녀오면 또 정보와 여행기를 올리게 되는 곳이다. 다양한 여행기를 읽다 보면 밤을 꼴딱 새울 수도 있다.

시구촌 스마트 어행 www.smartoutbound.or.kr

국외 여행 전문 사이트로 한국 관광 공사에서 운영하고 있다. 기본적인 여행 방법부터 안전에 대한 전문적 사항까지 알려 준다. 전문가들이 쓴 웹진도 여행지를 선정하고 분위기를 파악하는 데 도움이 된다.

베트남 그리기 cafe.naver.com/vietnamsketch

2004년에 만들어진 베트남 여행 전문 네이버 카페다. 회원수가 13만 명에 달할 정도로, 많은 사람들이 활동하고 있다. 다양한 여행기와 에피소드, 현지 정보가 있어, 베트남을 이해하고 정보를 얻기에 좋은 카페이다.

포에버 홍콩 cafe.naver.com/foreverhk

네이버 카페로, 홍콩의 다양한 여행기, 호텔, 민박, 게스트 하우스, 쇼핑, 교통, 관광지등 다양한 정보가 가득하다.

네일동 cafe.naver.com/jpnstory, **J여동** cafe.daum.net/japanricky

회원수 85만의 네이버 네일동과 32만의 다음 J여동은 일본 여행 정보도 얻고, 공동 구매를 하거나 할인 쿠폰도 가끔 구할 수 있는 유용한 카페다.

중여동 cafe.daum.net/chinacommunity

다음 카페 〈중국 여행 동호회〉의 약자로, 15만 명의 회원이 활발하게 활동하고 있다. 중국은 거대한 국토만큼 다양한 정보가 필요한데, 중여동에는 중국 각지에 대한 정보가 잘 정리되어 있다.

기타

미국 여행 〈네이버 나바호킴〉, 인도 여행 〈네이버 인도 여행을 그리며〉, 남미 여행 〈네이버 남미 사랑〉, 자전거 여행 〈네이버 자여사〉, 전 세계 여행 〈5불당 세계 일주 클럽(www.5bull.net)〉 등 지역별로 다양한 커뮤니티가 있다. 해외에서 유명한 여행 관련 커뮤니티로는 트립어드바이저를 꼽을 수 있다. 전 세계 호텔 및 여행지에 대한 여행자들의 평가를 볼 수 있다.

여행 일정 짜기

아이와 함께하는 여행에 추천하는 일정은 10~15일 정도이다. 너무 짧으면 충분히 여유를 갖고 여행을 즐기기 어렵고, 너무 길면 아이와 엄마의 체력에 무리가 따른다. 여러 차례의 여행을 통해 직접 경험한 바로는 10~15일 정도의 일정이 딱 좋았다. 마침 상당수의 국가에서 무비자로 체류할 수 있는 기간은 최소 15일이기도 하다. 여기서 도착과 출발에 2일은 빠진다고 보면 된다. 비행기로 이동하며 보내는 시간이 만만치가 않다.

보름 동안 여행을 했다고 하면 유럽에 다녀왔냐는 질문을 많이 하신다. "아니, 태국에(또는 베트남에) 그렇게 볼 것이 많아요?" 하는 질문이 따라온다. 이 도시, 저 도시 점만 찍고 메뚜기처럼 뛰다가 온다면야 보름 동안 5개국도 가능하다. 하지만 점 찍고 어디어디 갔다고 자랑하는 게 우리 여행의 목적은 아니다. 한 번에 한 나라만 가는 것을 추천한다. 우리나라가 작다고 해서 동남아 국가들도 그럴 거라고 생각하면 오산이다. 베트남은 남쪽 호치민에서 북쪽의 하노이까지 기차로 31시간이 걸린다. 얼마나 큰 나라인지 감이 올 것이다. 한 나라만 보더라도 천천히 여유를 가지고 여행하길 바란다.

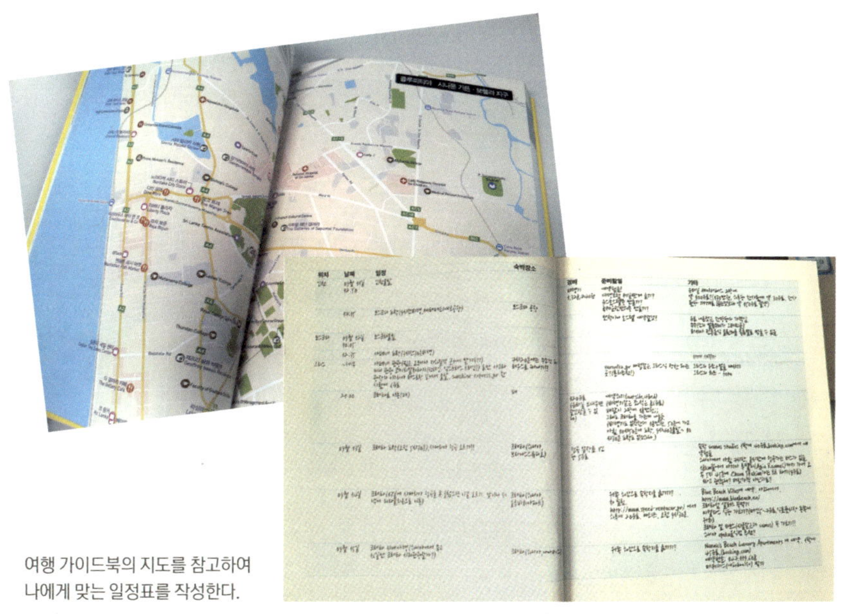

여행 가이드북의 지도를 참고하여
나에게 맞는 일정표를 작성한다.

　이제 어느 정도 여행지와 여행 기간이 정해졌을 것이다. 본격적으로 일정을
세워 보자. 전체적인 루트를 짤 때는 여행 가이드북을 참고한다. 가이드북에
서 추천하는 일정을 그대로 따라 하라는 말은 아니다. 어디까지나 참고할 뿐이
다. 패키지 여행 코스를 따라 할 필요도 없다.

　가이드북에는 여행지에 대한 포괄적인 정보가 있다. 그 나라의 문화, 역사,
종교, 특징 등 기본 정보들이 잘 정리되어 있다. 지도도 여행자의 필요에 딱 맞
춰 그려져 있어 도시 간 이동 코스를 어떻게 하면 좋을지 감을 잡을 수가 있다.
여행 중 들러야 할 작은 포인트들에 대한 설명도 상세하니 미리 그 장소에 대
한 시뮬레이션이 가능하다.

　비행기가 도착하는 도시(대개는 그 나라의 수도)에서 며칠을 머물 것인가?
때로는 비행기가 도착하는 도시와 귀국 시 출발하는 도시가 달라질 수도 있다.

수도에서 무엇을 볼 것인가? 수도에는 볼거리가 많지만 다 볼 수는 없다. 그중에서 탁월한 안목으로 잘 골라야 한다. 다양한 변수를 잘 고려하여 자신에게 맞는 일정을 짜야 한다.

1. 여행할 나라와 비행기로 들어갈 도시와 나올 도시를 정하자.

   (ex. 서울→방콕·치앙마이→서울 / 서울→호치민·하노이→서울)

   입국 도시와 출국 도시가 달라질 수도 있다. 그럴 경우에는 항공권을 예약할 때 다구간으로 설정해서 예약하면 된다.

2. 여행할 도시들을 중간에 배치한다.

3. 도시 간 이동 방법을 정한다.

   (ex. 낮에 이동할 것인지, 야간열차나 침대 버스로 이동할 것인지)

4. 대학생들의 배낭여행 일정이나 바쁜 직장인들의 여행 일정을 따라 하는 것은 금물이다. 우리에겐 넉넉한 시간이 있고 아이들과 함께한다는 것을 잊지 않도록 한다.

5. 이동할 때는 가능하면 현지의 교통수단을 다양하게 이용해 보도록 하자. 다양한 교통수단의 이용은 여행을 더욱더 풍성하게 만들어 준다.

6. 이렇게 커다란 얼개가 만들어졌다면 전체 여행 규모가 정해진 것이다. 그에 맞게 항공권을 구매한다.

7. 세부 일정을 조정하고, 숙소를 예약하고, 세부적인 이동 방법을 정한다.

   (한 도시에 여러 날을 머무를 경우, 중간에 숙소를 바꿔 보는 것도 좋다. 짐을 옮기는 것이 귀찮기는 하겠지만 다양한 숙소를 이용해 보는 것도 좋은 경험이다.)

동남아 비자 정보

무비자 국가

국가		비자	비고
태국		무비자 90일	여행하기에 편한 나라답게 요구하는 것이 없다.
베트남		무비자 15일	귀국 항공권이 필요하며, 입국 시 항공권을 검사한다. 전자 항공권을 출력하여 보여 주면 된다. 때에 따라 다르다.
필리핀		무비자 90일	엄마와 아이의 성이 다른 경우 영문 주민등록등본이 필요하다. 엄마와 아이가 가족인지 확인하기 위해서이다. 인터넷으로 발급받아도 되고 주민센터에 가면 바로 발급해 준다. 등본이 없을 경우 필리핀 공항에서 9만 원 넘는 세금을 내야 한다.
대만		무비자 90일	
라오스		무비자 15일	
싱가포르		무비자 90일	

비자 국가

국가		비자	비고
미안마			28일/US$20
캄보디아		노착 비자	30일/US$20
중국			관광 비자는 수속 기간과 여행사에 따라 35,000~80,000원까지 가격 차이가 많다. (환승 시 도시에 따라 72시간 무비자)

여행 경비 만들고 예산 짜기

10~15일의 일정으로 동남아 여행을 한다고 할 때, 내 경우에는 항공비까지 포함하여 1인당 평균 100만 원의 여행 경비를 쓴다. 엄마와 아이 하나를 합하면 200만 원이다. 이 돈이 별로 부담되지 않는 사람도 있겠지만 대부분의 가정에서는 결코 만만치 않은 금액이다. 1년에 드는 사교육비를 생각한다면 상대적으로 적게 느껴질 수도 있지만, 여행 경비 때문에 사교육을 안 할 수 없는 것이 현실이다.

딸아이는 5학년이 되어서야 영어 학원을 다니기 시작했고, 그 밖의 과목은 집에서 문제집으로 해결했었다. 덕분에 우리 집은 사교육비보다는 여행에 쓰는 비용이 오히려 더 많았다. 하지만 여행이 주는 교육적 가치를 생각한다면, 내가 현명한 선택을 했다고 지금도 확신한다. 이것은 단순히 지출이 아니라 확실한 투자일 것이다. 눈에 보이는 어떤 것으로 그 투자의 가치를 보여 줄 수 없지만 말이다.

어쨌든 적지 않은 여행 경비를 마련하려면 다른 지출을 조금씩 줄일 수밖에 없다. 사고 싶은 옷도 자제하고 화장품은 좀 더 저렴한 것으로 세일을 이용하고 아이에 대한 지출도 줄이고 외식도 줄여 보자. 여행을 앞두고는 장보는 것

설거지를 도우며 스스로 여행 경비를 모으는 시현이

도 줄이고 냉장고의 음식들을 먹는 것으로 냉장고 다이어트도 진행한다.

혼자만 줄일 것이 아니라 아이와 여행 경비에 관해 이야기하고 함께 절약 상태로 지낸다. 전체적인 여행의 윤곽을 말해 주고 얼마 정도의 비용이 들어가는지 구체적인 이야기도 나눠 본다. 엄마 혼자 쩔쩔매는 것보다는, 큰 도움이 안되더라도 아이와 함께 여행 가방을 나눠 메듯이 분담하자. 그래야 여행에 대한 책임감도 커지고 여행에 대한 기대감도 함께 커진다.

또한, 아이도 집안의 소소한 일들을 돕고 용돈을 받는 방식으로 여행 경비를 모을 수 있도록 한다. 아이가 평소에 용돈을 받는다면 용돈을 절약하는 방법도 좋다. 그렇게 만들어진 아이의 여행 경비는 아이가 여행 가서 쓰고 싶은 곳에 쓸 수 있도록 하자. 아이가 여행지에서 자기 돈을 쓸 때는, 그냥 엄마에게 타서 쓸 때와 행동이 달랐다. 왜 아니겠는가. 노력하여 모은 돈인 만큼 신중하게 사용하는 아이의 모습을 볼 수 있다.

여행 경비가 어느 정도 마련되었다면 예산을 짜 보자. 여행 예산 중에 가장 많은 부분을 차지하는 것이 항공권과 숙박비다. 비싸지만 시설이 좋고 럭셔리한 곳과 약간 불편하고 저렴한 곳 사이에서 갈등한다. 답은 나와 있지만, 그래도 기웃거려 보다 삼천포로 빠져 한참 동안 인터넷에서 헤어나지 못할 때도 있다. 그러다 저렴한 가격과 훌륭한 시설을 모두 갖춘 곳을 찾았을 때는 정말 행복해진다.

여행 비용이 충분하더라도 이 여행이 나만 좋겠다고 하는 여행이 아님을 다시 생각해 본다. 그래서 여행의 목적이 중요하다. 때로는 예산이 넉넉하더라도 아이의 경험을 위해 저렴한 게스트 하우스에서 잘 수 있고, 에어컨 안 나오는 시내버스도 탈 수 있는 것이다. 특히 엄마들과 아이들이 몇 팀 모여서 여행할 때는 1인당 비용을 조금씩만 아껴도 큰돈이 되기 때문에 손품과 눈품을 팔아 열심히 여행 예산을 줄여 본다.

물론 그렇다고 무조건 아끼는 것은 아니다. 쓸 때는 쓰는 것이 여행이다. 돈 아낀다고 해 볼 것을 안 하면 안 되고, 먹을 것을 못 먹어서도 안 될 일이다. 무엇을 아끼고 무엇을 쓸 것인가! 선택은 늘 힘들다. 혼자라면 툭툭 결정할 일도 아이를 위해 한 번 더 고생을 자처한다.

여행 예산은 아래와 같이 계산할 수 있다. 유명 도시에서는 박물관이나 공연 등의 입장료가 많이 들고, 대도시와 떨어진 지역에서는 투어 비용이 발생한다. 기타 비용은 사람에 따라 차이가 많이 발생하는데, 그중에는 엄마들의 쇼핑 비용이 한몫한다.

여행 예산	항공권 + 체류기간 x 하루 생활비(숙박비+식비+교통비) + 투어 비용 또는 입장료 + 기타 비용(비상금 포함)

학교·학원 스케줄 정리하기

여행을 떠나기 전에 미리 학교 선생님께 말씀드리고 학원 스케줄도 정리해야 한다. 다행히 방학 중이라면 상관없지만, 학기 중이라면 여행을 떠나기 전에 학교 홈페이지에서 체험학습 신청서를 다운받아서 내용을 기재하여 학교에 보내야 한다. 종이만 보내지 마시고 담임 선생님과 직접 통화하는 것이 좋겠다. '학교장 허가 현장체험학습'으로 신청하면 5일(토요일, 일요일 제외)까지는 결석 처리되지 않는다. 앞뒤로 토요일, 일요일을 붙이면 9일은 결석하지 않고도 체험학습이 가능하다. 중학교는 1년에 체험학습으로 20일 정도를 쓸 수 있다.

나는 개인적으로 결석의 유무가 그리 중요치는 않다고 생각하기 때문에, 토요일, 일요일에 신경 쓰지 않고 비행기 요금이 저렴한 날로 일정을 잡는 편이다. 중·고등학교는 당연히 출결을 관리해야 하겠지만 초등학교는 자유로워져도 된다고 생각한다. 여행에 대해 담임 선생님께 말씀드리면 모든 선생님들이 좋은 기회라며 반가워해 주셨다. 그러니 여행으로 인한 학교 결석에 너무 얽매이지 않았으면 한다.

학기 중에는 애매한 시기가 있다. 대표적으로 2월이 그렇다. 학교에서는 수

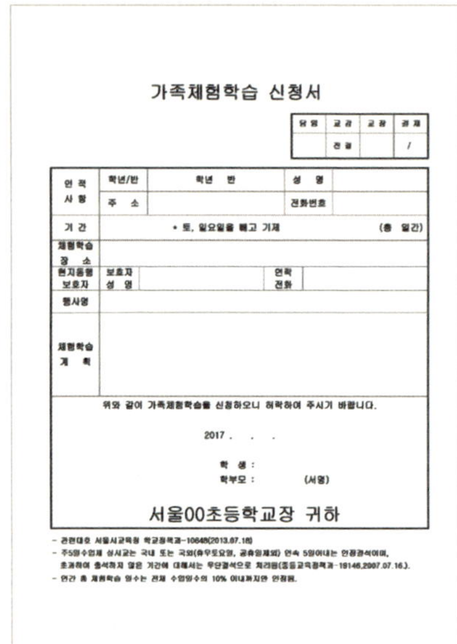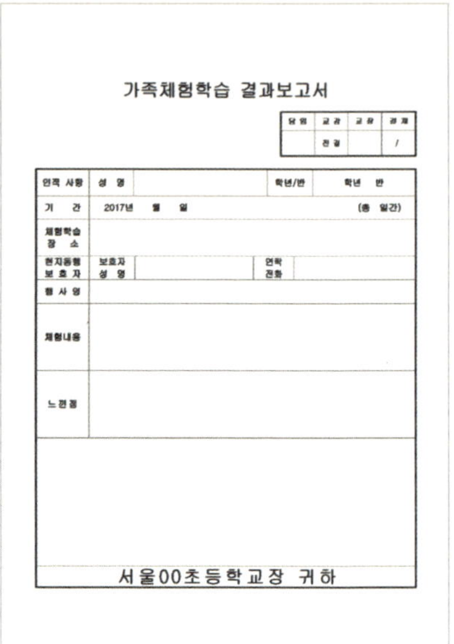

가족체험학습 신청서와 결과 보고서

업을 하는 것도 아니고 안 하는 것도 아니고, 아주 애매하다. 구정도 끼어 있어 명절도 생각해야 하니 며느리인 엄마들로서는 아주 애매하다. 게다가 동남아는 1~2월이 성수기라서 숙박업소의 요금도 조금 더 비싸진다. 건기로 접어들어 여행하기 편한 계절이기 때문이다. 그래도 1년 중 여행하기 부담 없는 달을 꼽으라면 2월임에는 틀림없다. 명절 전후로는 비행기 요금 비싸지니 잘 피해서 잡으면 된다.

6~8월은 우기지만 너무 걱정하지 않아도 된다. 우리나라 장마처럼 하루 종일 비가 오는 것은 아니다. 낮에 30분~1시간 정도 소나기 같은 비, 스콜이 내린다. 스콜을 느껴 보는 것도 나쁘진 않다. 그러니 이것저것 너무 걱정 말고 학교를 결석하고 편할 때 떠나길 바란다.

학원은 보충수업으로 보강을 요청하는 것도 좋다. 빠지는 날이 많다고 학원비를 깎아 달라고 하면 선생님들이 안 좋아하시니, 어떻게 하면 좋을지 원장님께 공손히 여쭤보는 것이 좋겠다. 취미로 하는 과목이라면 아예 한 달을 쉬는 것도 좋겠다. 아이가 여행에서 배우는 것들이 많으니 너무 학교와 학원에 연연하지 말자.

체험학습을 신청하고 여행을 떠났다면, 돌아와서 체험학습 결과 보고서를 내야 한다. 작성하기는 어렵지 않으니 너무 신경 쓰지 않아도 된다. 다녀오자마자 다음 날 당장 제출해야 하는 것은 아니지만, 며칠 내에 가능하면 빨리 제출하는 것이 좋겠다. 체험학습 보고서 양식은 각 학교 홈페이지에서 다운받을 수 있다.

엄마들끼리 역할 분담하기

여러 가족이 함께 여행을 갈 때는 적정한 인원수도 고려해야 한다. 내 경험으로는 한 번 여행에 엄마 2~4명 정도가 알맞다. 홀수보다는 짝수가 짝이 맞아 여행하기에는 좋다. 한 집당 아이가 2~3명이라면 3가족을 넘지 말아야 한다. 일행이 10명이 넘어가면 이동하거나 호텔 숙박할 때 힘들어질 수 있다.

여러 가족이 참여하는 여행은 준비하는 방식에도 다양한 경우가 있다. 한 사람의 계획에 다른 엄마들이 함께 참여하는 경우도 있고, 처음부터 여러 명이 함께 여행 계획을 만들어 나가는 경우도 있을 것이다. 어느 쪽이든 함께 준비한다는 데 의미가 있으니 서로 잘 소통하면서 준비하자. 나눠서 정보를 알아보더라도 최종 결정은 함께 하도록 한다.

도시별로 나눠서 정보를 모으고 스터디하는 것도 좋다. 자주 만나서 서로 알아본 정보들을 공유하고, 무엇을 어떤 방법으로 할지 즐거운 계획을 만들어 보자. 아이들과도 무엇을 준비해 보면 좋을지 아이디어를 나누고 도움이 되는 책을 찾았다면 공유해 보자. 항공권 구매, 숙소 예약, 약 담당, 카메라 담당, 일정 총괄 담당, 여행자 보험 등의 일도 나눠서 하자.

대표적인 항공권 검색 사이트들

항공권 구매 담당

　항공권은 여행 경비에서 큰 부분을 차지하기 때문에 며칠 동안 손품을 팔아야 한다. 항공권 예매가 끝났다면 여행의 큰 틀이 짜여진 것이다. 여행이 불확실한 미래의 희망 사항이 아니라, 꼭 가야 하는 현재 상황이 된다. 진짜 여행이 시작되는 것이다.

　항공권 예약을 예약할 때는 영문 이름의 철자가 아주 중요하다. 여권과 항공권에 기재된 철자가 달라서 비행기를 못 탈 뻔한 적이 있었다. 항공권을 예약하기 전에 미리 일행 모두의 영문 이름을 문자메시지로 받았으나, 여권을 만드는 과정에서 철자가 'JUNG'에서 'JEONG'으로 바뀐 것을 모르고 있었던 것이다. 출발 당일 공항에서 2명이 여권과 항공권의 철자가 달라 탑승할 수 없다는 말을 들었다.

　하늘이 노래졌다. 항공권을 취소하고 이름을 수정해 다시 발급받으려 해도,

대기 인원이 5명이나 있어서 우리는 후순위로 밀려 비행기를 못 탈 가능성이 높았다. 다행히 항공사 직원이 조금 기다려 보라고 하더니, 여러 엄마들과 아이들의 여행임을 참작해 융통성 있게 처리해 주어서 무사히 탑승할 수 있었다. 그때를 생각하면 지금도 아찔하다. 나중에 귀국 항공편도 이름을 변경하느라 변경 수수료를 1인당 3만원씩 지불해야 했다.

비상약 준비, 현지 병원 체크 담당

여행하다 보면 항상 아픈 사람이 생긴다. 왜 아니겠는가. 긴장도 하고 환경도 바뀌니 아픈 것은 너무도 당연하다. 여행하면서 아이들이 안 아팠던 적은 한 번도 없었다. 응급실 갈 정도의 큰 병은 아니라도, 소소한 병치레는 늘 있는 법이니 대비하자. 일행 중에 한 명이 약 담당을 맡아서 꼼꼼히 챙긴다.

비상약으로는 코감기약, 기침감기약, 해열제, 장염약, 알레르기약, 염증성 안약, 소화제 등이 필요하다. 평소에 알레르기가 없던 사람도 낯선 열대 과일을 먹고 알레르기나 두드러기가 일어날 수 있다. 소독약이나 밴드 종류 등도 필수품이다. 물파스, 모기 물린 데 바르는 약, 붙이는 파스도 준비한다. 여행

저렴한 항공권을 구매하는 법

어떤 방법이 정답이라 말할 수 없을 정도로 다양한 방법들이 존재한다. 여행 비용에서 큰 부분을 차지하니 인터넷에서 열심히 손품을 팔 수밖에 없다.

검색 사이트 활용 항공권 검색 사이트(스카이 스캐너, 플라이트그래프, 인터파크 투어, 지마켓, 옥션, 현대프리비아, 구글 플리이트, 와이페이모어 등)를 활용한다. 옥션, 인터파크, 하나여행 등 포털과 여행사 사이트도 들어가 보자. 어느 것이 가장 저렴한 가격을 알려 준다고는 말할 수는 없다. 한 번에 찾으려 하지 말자. 여기저기 검색은 필수다.

늦어도 1~2달 전에는 예매를 한다. 비슷한 기간의 여러 날짜를 검색해 봐야 한다. 예를 들어 2월 5~15일과 2월 7~17일은 비슷한 시기의 같은 11일 일정이지만 가격이 다르다. 그러니 비슷한 기간에서 날짜를 달리하여 검색해 본다. 구입할 때는 티켓 유효 기간을 체크한다. 5일, 1개월, 3개월, 6개월, 12개월 등 다양하다. 내 일정에 맞는 유효 기간의 티켓을 구입한다.

저가 항공 비행기 좌석이 100좌석이라 가정할 때 초특가 15석, 특석 25석, 할인 40석, 일반 20석 비율로 구성된다. 그러니 빨리 구매할수록 저렴한 티켓을 구입할 수 있다. 저가 항공사는 식사, 담요, 음료 등등 많은 것에서 일반 항공사와 차이가 난다. 수하물 위탁 비용과 기내식 비용을 별도로 지불하기도 한다.

일반 항공사 아이와 여행할 때는 가격 차이가 크지 않다면 메이저 항공사를 이용하는 것이 편리하다. 저가 항공과는 달리, 출발 전 330~100일 사이가 가장 비싼 운임이다. 가장 저렴한 시기는 보통 2~3달 전이다. 이 시기에 가장 저렴하게 항공권을 푼다.

할인 항공권 저가 항공사들에 미리 회원 가입해 두고 정보를 수시로 받자. 일 년에 1~2번은 아주 저렴한 비용의 티켓을 판매한다. 단, 여러 가족이 함께 갈 때는 할인 항공권을 이용하기가 어렵다. 이런 티켓은 아주 일찍 판매하는데, 팀 여행은 그렇게 일찍 일정이 확정되지 않기 때문이다. 또한, 땡처리 항공권은 항공사가 패키지 여행용으로 가지고 있던 좌석들을 급하게 판매하는 경우가 많기 때문에, 여행 기간이 4~5일로 되어 있는 것이 많다. 그래서 10일 이상의 여행에는 저렴한 티켓을 구하기 어렵다. 할인 항공권은 제약이 많으니 규정을 꼭 확인하자. 발권 조건, 환불 규정, 수하물 규정, 재발행 수수료(날짜 또는 이름 변경 시) 등을 꼼꼼히 확인하길 바란다.

여행으로 들뜬 아이들은 다치기 쉽다.
놀다가 긁히거나 코피가 나기도 한다.

가방을 들고 다니면 안 쓰던 근육이 아파지기도 한다.

비상약을 그냥 약국에서 사도 되지만, 병원 갈 일 있을 때 약 처방을 받아 두면 좋다. 약 종류가 많아지면 처방전이 있을 때와 없을 때의 가격 차이도 상당해진다. 자주 다니던 동네 병원에서 장기간 여행 간다고 이야기하고 약 처방을 받자. 사실 약값만 해도 상당하다. 집에 있는 약들을 모아 가는 것도 방법이다. 인원이 많다면 2명의 엄마가 함께 준비하자. 특히 감기약은 몇 명이 2~3일 먹다 보면 금방 동이 난다.

약 담당 엄마는 늘 약을 상비하고 다닌다. 비행기를 탈 때도 약을 수하물 가방에 다 넣지 말고 일부는 꼭 가지고 타도록 한다. 고도가 높아지면 귀가 아프거나 눈이 아픈 아이도 있다. 아이기 심리적 요인으로 아픈 경우도 많은 것 같다. 어른도 이착륙할 때나 난기류에 비행기가 요동칠 때면 온 신경이 곤두서는데 아이들이 힘들어하는 건 당연하다. 타이레놀 정도는 주는 항공사도 있지만 어떤 약도 제공되지 않는 항공사도 있다.

여행 중에 컨디션이 너무 안 좋다면, 아픈 아이와 엄마는 그날 하루 여행을 포기하고 쉬는 것도 방법이다. 호텔 시설을 이용하다 다쳤을 경우에는 호텔에 즉시 이야기하고 응급 처치를 받는다. 여행할 도시의 큰 병원을 미리 알아 두는 것도 좋겠다.

카메라 담당

요즘은 핸드폰 카메라의 성능이 워낙 좋아서, 무거운 DSLR 카메라가 귀찮아지기도 한다. 그래도 사진을 중요하게 생각한다면 엄마 한 분 정도는 카메라를 담당하면 어떨까 싶다. 요즘은 가벼운 미러리스 카메라도 있어서 무게가 많이 가벼워졌다. 성능이 좋은 카메라는 멀리서도 자연스러운 아이들의 모습을 담을 수 있어서 좋다.

물론 카메라 담당이 아니라도 각자 핸드폰으로 서로의 자연스러운 모습들을 담아 주자. 요즘은 핸드폰 카메라 성능이 정말 좋다. 핸드폰 회사마다 사진의 느낌이 달라서 비교하는 재미도 있다. 저녁에 와이파이 되는 숙소에 들어와 한국에 있는 아빠에게도 보내고, 엄마들의 카톡방에 사진들을 공유하며 깔깔 깔 웃음소리가 끊이질 않는 경험을 해 보자.

여행을 시작할 무렵과 끝날 무렵의 사진들을 보면 참 다르다. 처음엔 어색한 표정이 역력한데, 시간이 지날 수록 모델처럼 자연스러운 자세와 표정을 지어 준다. 아이들에게 이렇게 예쁜 표정이 있었나 싶을 때가 종종 있다. 엄마인 나도 처음 보는 표정이다. 일상으로 돌아와서 사진을 꺼내 보면 그때의 행복한 감정들이 모두 생각나 힐링이 된다. 이 또한 여행이 주는 선물이다. 사실 평소에 이런 멋진 사진들을 건지기는 힘든 일이다. 우리의 삶이 그리

여행의 후반부로 갈수록 아이들은 카메라 앞에서도 자연스러운 모습을 보여 준다.

여유롭지 못해서일지도 모르겠다. 여행이 무르익을수록 사진 속의 아이들 모습도 아름답게 무르익어 간다.

일정 총괄 담당

모든 일정을 컨트롤하는 리더 역할이다. 예약한 바우처를 챙기고, 이동할 때는 차를 놓치지 않도록 시간을 체크하며, 전체적인 여행의 흐름을 인도해 주는 역할이다. 모두가 일정을 공유하고 있더라도 누군가는 책임지고 챙기는 사람이 있어야 한다. 다른 사람들은 리더를 잘 따라 주는 배려가 필요하다.

일정 총괄 담당이 여행 경비를 관리하고 정산하는 총무의 역할을 겸할 수도 있고, 다른 사람이 총무 역할을 나눠서 해도 좋다. 편한 방법으로 하자. 우리가 즐겁고 행복하자고 하는 일인데 회사 일처럼 되어서는 안 되겠다.

여행자 보험 담당

해외여행을 한다는 것은 많은 위험에 노출된다는 것을 의미한다. 더군다나 아이들과 함께 하는 여행인 만큼 위험에 대비해야 한다.

여행자 보험에 가입할 때는 보상에 대한 약관을 꼼꼼히 살펴야 한다. 요즘은 실비 보험이 있는 만큼 의료비 보상보다는 도난 사고에 대한 보상 부분을 잘 봐야 한다. 엄마들 보험은 도난 사고에 대한 비중을 늘리고 아이들 보험은 이 부분을 줄이거나 빼는 것도 방법이다.

여행자 보험 가입하기

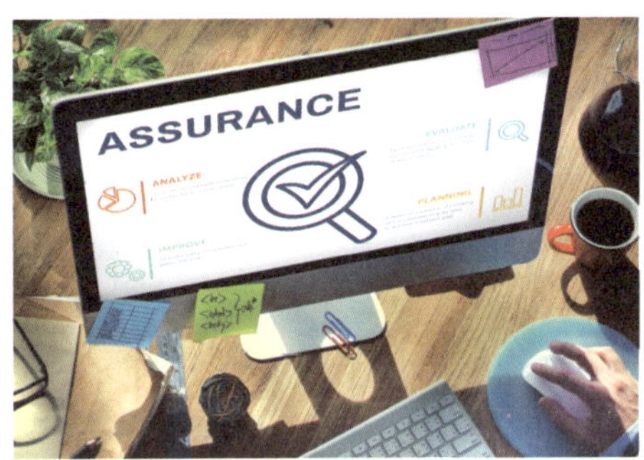

1 여행 전에 미리 가입한다. 공항에서도 가입할 수 있지만 비싸다. 만약 출국일까지 가입하지 못했다면 공항에서라도 가입해야 한다. 출국 이후에는 국내 보험사의 보험에 가입할 수 없다.

2 공인인증서만 있다면 인터넷으로 가입할 수 있다. 가족 단위로 하면 10% 정도 할인된다. 부모, 배우자의 부모, 배우자, 자녀만이 해당된다. *LIG, 삼성화재, 메리츠화재, 현대해상, 동부화재 등의 손해보험사에서 가능하다.

3 단체 여행의 경우 따로따로 가입하는 것이 힘들 때는 여행자 보험 중개 회사를 이용하면 편리하다. 주민등록번호만 있으면 인증서, 회원 가입 없이도 가입 가능하며 출발 당일에도 가입 가능하다. 보험료 산출도 간단하다. *트래블로버 travelover.co.kr

4 무료로 가입해 주는 여행자 보험은 보장 내용을 확인할 필요가 있다. 은행에서 일정 금액 이상을 환전하면 무료로 여행자 보험에 가입해 준다. 그러나 약관을 잘 봐야 한다. 휴대품 도난에 대한 보장, 질병에 대한 보장이 빠져 있는 경우도 있으며 상해 치료비에 대한 보장도 제한적이나. 실론은 별 도움이 안 된다는 것이다. 보장이 제대로 되는 보험에 가입하도록 하자.

5 혹시라도 여행 중 사고가 나서 보험 회사에 청구해야 할 일이 생긴다면 현지에서 받아와야 할 서류들이 있다. 어떤 서류를 챙겨야 하는지 미리 체크하고, 사고가 생기면 잊지 말고 받아 둔다.

여행 가방 싸기

여행 가방을 싸는 데도 노하우가 필요하다. 아이들과의 여행인 만큼 가방은 무조건 가벼워야 한다. 그래도 꼭 필요한 것들을 챙기다 보면 어느새 무게가 초과되곤 한다. 1인당 기본 수하물의 무게가 적은 비행기를 이용할 경우나 현지에서의 특별한 활동을 위해 챙겨야 할 짐이 많을 경우에는 자칫 초과 요금을 물게 될 수 있으니 무게를 잘 체크해야 한다.

집에서 짐을 싸다가 짐의 무게가 궁금할 때는 집에 있는 체중계 위에 짐을 들고 올라가 보기도 한다. 사실 20kg 정도만 되도 여성이 두 손으로 들기 힘든 무게이다. 큰 사이즈의 여행 가방에 옷과 짐을 넣어도 대개는 20kg을 넘지 않는다. 혹시라도 넘었다면 짐을 다시 살펴보면서 수하물의 무게를 줄이는 수밖에 없다. 무게가 나가는 옷은 출국하는 날 입고 가고, 부피가 작고 무거운 물건은 기내용 가방에 넣는 것도 요령이다.

가방의 개수는 1인당 수하물로 부칠 가방 1개, 기내 반입할 가방 1개로 생각하면 된다. 엄마와 아이 둘이라면 부치는 짐 2개, 기내에 가지고 들어가는 가방 2개를 기본으로 보면 된다. 기내 반입되는 가방의 사이즈는 작다는 점도 잊지 말길 바란다.

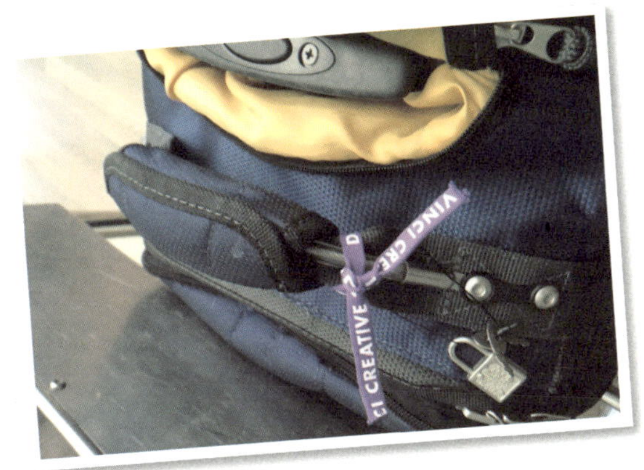

가방에 눈에 띄는 리본을 달아
두면 수하물 찾을 때 편리하다.

항공사마다 1인당 기본 수하물의 무게가 다르다. 비행기 티켓 구입 전 세부 사항을 보면 자세히 잘 나와 있다. 결제 전에 꼭 읽어 봐야 한다. 저가 항공의 경우 기본 수하물의 무게가 매우 낮은데, 티켓 구입 시 추가 요금을 내고 짐의 무게를 늘릴 수 있다. 공항에서 체크인할 때 오버되는 짐의 무게에 대해 초과 요금을 지불하는 것보다, 항공권 결제 시 추가 요금을 내고 가방 무게를 늘리는 편이 저렴하다.

출국할 때보다 입국할 때 짐의 무게가 더 많이 나가기도 한다. 현지에서 선물이나 기념품을 많이 구입할 수도 있기 때문이다. 돌아오는 항공편의 짐은 출국할 때보다 여유로운 무게로 예약하는 것이 좋겠다.

아이들만의 여행 준비 모임

흔히 여행은 어른들끼리 준비하고 아이들은 몸만 따라간다. 하지만 여행은 준비 과정에서 이미 시작된다는 점을 감안한다면, 아이도 스스로 여행을 준비하도록 해 주는 것이 좋다. 만일 여러 가족이 함께 떠나는 여행이라면 아이들끼리 모여서 이 과정을 함께하면 더욱 좋다. 평소에 서로 잘 알고 지냈던 아이들이겠지만, 여행을 함께 상상하고 준비하는 과정은 중요하다. 다음은 우리 아이들이 실제로 했던 여행 준비 모임의 내용이다.

첫 번째 만남

여행의 기록을 남길 나만의 여행책을 함께 만들어 본다. 이 책에 소개된 방법을 참고하여 만들어 보자.(Chapter 7. 나만의 여행책 만들기) 각자 개성을 살려서 다른 크기와 모양으로 만들어 비교해 보면 재미가 더한다.

모임을 마치고 헤어질 때는, 다음 만날 때까지 여행 갈 나라에 관한 책을 찾아 읽고 오기로 약속한다. 동화 형식의 책도 좋고 여행 서적도 좋다. 우리가 여행 가려는 나라는 어떤 나라일지 스스로 알아보도록 한다.

여행 전에 모여서 여행지에 관해
알아보기도 하고 동영상도 보는
아이들

두 번째 만남

아이들이 찾아서 읽었던 책에 대해 서로 이야기를 나눠 본다. "내가 찾은 책은 이런이런 책인데 이런 이야기가 있었어." 이런 식으로 너무 딱딱하지 않게 책 자랑 시간을 만들면 한층 즐겁다.

첫 번째 만남 때 만들었던 여행책에는 우리가 여행할 나라에 대한 좀 더 자세한 정보를 적어 본다. 나라 이름을 적고, 그 나라의 지도를 그려 본다. 어느 대륙에 위치한 나라인지, 옆 나라는 어떤 나라가 있는지 지도 옆에 쓰고, 수도의 위치를 찾아 표시한다. 마지막으로 국기를 그려 본다. 초등 저학년과 고학년, 중학생, 고등학생은 수준이 크게 다르니, 각각의 수준에 맞춰서 해 보길 바란다.

우리가 여행을 어떻게 하면 더 잘할 수 있을까? 여행을 잘 하려면 어떤 노력들이 필요할까? 아이들이 낸 의견을 적어 보았다.

> 1. 더울 때 짜증 안 내기
> 2. 자기 물건, 자기 가방 잘 챙기기
> 3. 다른 데 새지 않고 잘 따라 다니기
> 4. 양보, 배려하고 다른 사람 생각해 주기
> 5. 정신 차리고 꼭 짐 챙기기
> 6. 시비 걸지 말기
> 7. 핸드폰은 가져가지만 사진 촬영만 하기
> 8. 서로 예쁜 말 해 주기
> 9. 밥 맛있게 먹기
> 10. 한국 사람인 것을 잊지 않기
> 11. 놀 것 가지고 가기
> 12. 책 가져가기

겹치는 내용도 있긴 했지만, 아이들이 낸 의견이 아주 적절했다. 그중에서 3번의 표현은 웃음이 나오고, 6번은 아이들의 마음을 적나라하게 보여 준다. 이런 과정이 있었던 덕분일까? 여행 중에 다행스럽게 큰 다툼이 없었고, 서로 배려하는 모습도 가끔은 보여 주며 여행을 마칠 수 있었다. 엄마가 잔소리하는 것보다, 어떻게 행동해야 하는지 스스로 생각해서 의견을 말하게 하는 방법이 더 효과적이다.

여행도 얼마 안 남았으니 여행에서 쓸 용돈 마련을 위해 엄마를 도와 집안일을 하자고 제안했다. 할 수 있는 일들을 정해서 몇백 원씩이라도 모아 보자고 했다. 이렇게 모은 돈은 환전해서 아이들이 쇼핑하는 데 사용할 수 있도록 했다. 각자 2만 원이 넘지 않는 범위로 정했다.

여행하는 곳을 위해 특별히 깊은 공부는 하지 않는다. 엄마는 공부해야 하지만, 아이들에게는 공부가 되게 해선 안 된다. 그런데 2015년 여행 때는 약간의 이해가 필요한 부분이 있었다. 엘리펀트 네이처 파크를 방문하기로 했는데, 가기 전에 그곳에 대해 알아야 할 필요가 있다고 생각이 되었다. 모임 시간에 그곳에 대한 동영상을 함께 시청했는데, 덕분에 그곳을 이해하는 데 많은 도움이 되었다.

네 번째 만남

이제 여행 가기 전 마지막 만남이다. 필요한 준비물에는 무엇이 있을지 의견을 나눠 본다.

세계 지도와 여행할 나라가 있는 아시아 대륙 지도를 준비해서 여행책에 붙였다. 세계 지도는 여행하면서 만나게 될 사람들의 나라를 표시하는 용도이다. 1일 투어에서 만나는 사람, 버스나 기차에서 만나는 사람 등 세계 여러 나라의 사람들을 만날 기회가 많다. 그 과정에서 아이들은 세계의 여러 나라들에 관심이 가고 친숙해진다.

아시아 대륙 지도에는 여행할 나라와 주위 나라들의 이름들을 찾아서 써 보며 친숙해지자. 우리가 여행하게 될 도시들도 표시하고 이름을 적어 본다. 또 어떤 교통수단으로 국가와 국가를 이동하고, 도시와 도시는 이동할지도 이야기해 힌다. 이런 과정을 통해 아이들은 어떤 여행을 하게 될지 그림을 그릴 수 있게 된다. 엄마가 하는 여행에 따라가는 것이 아니라 아이 역시 여행의 주체가 되어 간다.

AIRPORT

두근두근
여행의 출발

공항에서 하는 체험학습

공항으로 가는 길

우리의 여행은 준비 과정에서 이미 시작되었지만, 진짜 본 게임은 집의 현관문을 나서는 순간부터다. 공항으로 향하는 길은 늘 설렌다. 여행에 대한 기대감으로 두근두근한다. 딸아이는 새벽녘 공항에 가기 위해 캐리어를 끌며 동네 골목을 걸어 나갈 때, 그 기분이 정말 좋다고 한다. 아마도 그것은 새로운 세계를 향한 도전의 시작이기 때문일 것이다. 어린 녀석이 벌써 별걸 다 안다. 엄마는 서른이 넘어서야 알았던 것인데 말이다. 나 또한 훈련을 마치고 운동 경기에 참여하는 선수처럼 이 시간이 제일 기대된다. 만족할 만큼 공부하고 당당히 시험 치러 가는 학생처럼 비장한 마음이 들기도 한다.

공항철도 인천국제공항역

물론 남편에게 시간적 여유가 있다면 태워다 달라고 해도 좋겠지만, 대중교통을 이용해 보는 것도 좋은 경험이다. 남편과는 집에서 헤어지고 다양한 방법으로 여행을 시작해 보자. 차를 타고 공항까지 가는 시간을 이용해 여행에 대해, 그리고 곧 만나게 될 공항에 대해 아이와 대화를 나눠 보는 것도 좋겠다.

공항철도 이용하기
www.arex.or.kr

공항철도가 생기면서 공항까지 가는 시간이 짧아졌다. 서울역에서 인천국제공항역까지는 직통열차로 43분 걸린다. 12개 역에서 정차하는 일반 열차도 58분밖에 안 걸린다. 공항철도의 장점은 가장 빠르게 공항까지 이동 가능하다는 것이다. 게다가 기차 밖으로 펼쳐지는 영종도의 모습도 차를 타고 보던 것과는 다르게 멋지다. 공항 가는 길마저 아름다운 여행으로 바뀐다. 가격도 공항버스의 반값 수준이다. 다만, 공항버스보다는 탑승 가능한 곳이 적다 보니 이용 가능한 역까지 이동해야 한다는 불편함이 있다.

공항버스 이용하기
www.airportlimousine.co.kr

서울 시내 어디서든 쉽게 이용이 가능할 만큼 다양한 공항버스 노선이 있다. 지방의 주요 도시에서도 인천공항행 버스가 운행 중이다. 공항버스가 없는 지역에 살고 있다면 인천공항행 버스가 있는 지역으로 이동하여 이용하거나, 서울행 버스를 이용해 서울로 와서 공항버스로 갈아타면 된다. 공항리무진 홈페이지를 이용하면 노선, 정류장, 운행 시간 등을 알 수 있다. 공항버스 어플을 이용하는 것도 좋은 방법이다. 버스 요금은 공항 철도에 비해서는 비싼 편이다. 서울 시내의 경우 9,000~16,000원 정도로 거리에 따라 다르다.

스스로 하는 출국 수속

처음 해외여행을 하는 엄마도 너무 걱정할 필요 없다. 별것 아니니 모르면 물어보면 되고 차근차근 하면 된다. 엄마가 몰라서 여기저기 물어보면서 해결해 나가는 것을 지켜보는 것도 아이들에겐 공부가 된다. '모르는 건 물어봐야 하는구나. 물어볼 때는 저렇게 하는구나.' 하고 배우게 되니 살아 있는 공부다.

공항의 출입국 절차는 어느 나라나 똑같다. 아이들에게 일방적으로 "따라와!" 하지 말고, 다음에 할 일들을 말해 주고 함께 해 보자. 내 경우에는 매번 여행할 때마다 알려 주고 함께 공항의 일들을 처리하다 보니, 이젠 아이가 먼저 카운터를 찾고 척척 진행을 한다. 아마도 조금 지나면 혼자 비행기 타고 내 품을 떠날 날도 올 것 같다.

항공사 카운터 찾기

인천공항 3층 터미널에 도착하면, 넓고 복잡해 어리둥절해질 수 있다. 당황하지 말고 우선 전광판에서 항공사의 이름을 찾아서 A~M 카운터 중에 어디에 있는지 확인한다. 넓은 공항에서 일행과 만날 때도 카운터를 알려 주고 카운터 앞에서 만나면 편하다. 짐은 카트에 실어 이동한다. 각국의 공항마다 다르긴

한데 어떤 공항은 카트에 동전을 넣는 유료 방식인 곳도 있다. 카트는 손잡이 부분을 지그시 눌러야 바퀴가 움직인다.

탑승 수속

항공사 카운터를 찾았다면 체크인, 즉 탑승 수속을 해 보자. 항공사 카운터는 항공기 출발 2~3시간 전부터 업무를 시작한다. 공항에 너무 일찍 도착했다면 카운터가 열릴 때까지 기다려야 한다. 탑승 수속 준비물은 여권, 전자항공권(e-ticket), 수하물로 위탁할 짐이다. 여권과 전자항공권을 보여 주고, 짐을 위탁하고 탑승권(boarding pass)를 받는다.

여행할 나라에 도착해서 입국 수속을 할 때 전자항공권을 보여 달라고 하는 나라도 가끔 있다. 돌아갈 비행기를 예약했는지, 혹시 불법으로 장기 체류할 사람은 아닌지 확인하는 것이다. 따라서 탑승 수속을 마친 후에도 만약을 위해 전자항공권은 여권 사본과 함께 항상 지참하는 것이 좋겠다.

항공사 카운터에서 탑승 수속 하기

항공사 카운터 찾기

수하물을 부치기 전에 미리 짐을 체크해 두자. 기내 반입 불가 물품들은 수하물로 위탁할 가방에 넣고, 수하물 가방에 각종 배터리가 들어가지 않도록 주의하자. 수하물 무게가 초과되었다면, 당황하지 말고 수하물 가방에서 무거운 물건을 몇 개 꺼내서 기내용 가방에 옮겨 담도록 한다. 가방의 전체 개수를 기억하고, 수하물을 위탁하고 받은 수하물 표(스티커)는 잘 보관하자. 혹시라도 내 가방이 엉뚱한 비행기를 탈 수도 있기 때문이다. 간혹 생기기도 하는 일이다. 나중에 짐 찾을 때 남의 가방을 내 가방으로 착각하여 가져오는 실수가 생길 수도 있으니 가방에 눈에 띄는 표시를 해 두면 여러모로 도움이 된다.

혹시라도 낯선 사람이 다가와 대가를 지급할 테니 짐을 수하물로 부쳐 달라고 한다면 절대 응해서는 안 된다. 그냥 째려보고 지나가면 된다. 잘못하면 마약 운반책으로 이용될 수 있다. 적발 시 바로 감옥에 가게 되는 중대한 범죄라는 걸 명심하자. 자기 수하물 무게가 초과되어서 그런다며 아무리 부탁해도 딱 거절해야 한다.

출국장으로 이동

탑승 수속을 마쳤다. 출국장으로 한 번 들어가면 다시 나올 수 없으니 빠진 것이 있는지 확인해 보자. 혹시 인터넷 뱅킹으로 환전했다면 지하에 있는 은행 지점으로 가서 환전한 화폐를 받아오면 된다. 인천공항 지하에는 우리은행, 하나은행, 신한은행 지점이 있다. 인터넷 뱅킹으로 여러 가지 할인을 받으면 수수료를 80~90%까지 할인받을 수 있다. 이렇게 환전한 돈은 출국하는 날 공항에서 찾으면 된다.

이제 출국장으로 이동한다. 보행 장애인, 유소아(만 7세 미만), 고령자, 임산부 등을 위해 패스트 트랙(Fast Track) 전용 출국장 1번, 6번(06:30~19:30)이 준비되어 있다. 일행 중 7세 미만의 아이가 있다면 이용 가

비행기에 가지고 타야 할 물건

집에서 여행 가방을 쌀 때 이미 꼼꼼히 체크했겠지만, 공항에서 수하물을 위탁하기 전에 다시 한 번 확인한다.

1 기내에 반입할 수 없는 물건이 기내용 가방에 들어 있지 않은지 확인하자. 칼, 스프레이, 공작 가위, 액체류(100ml 이상)는 기내 반입이 금지되어 있는데, 특히 액체류 100ml가 생각보다 작다. 웬만한 화장품, 선크림, 튜브에 든 약 등은 수하물 가방에 넣는다. 출국할 때는 긴장해서 잘 확인하고 짐을 싸는데, 귀국할 때 문제가 생기는 경우가 많다. 여행을 마쳤다는 안도감에 짐을 싸다가 실수를 하는 것이다. 비싼 화장품을 깜빡하고 잘못 쌌다가 빼앗기면 두고두고 속이 쓰릴 수 있다.

2 기내에서 혹시 아이들이 아플지 모르니 진통제나 소화제를 조금 챙긴다. (항공사에 따라 약을 절대 주지 않는 곳도 있다.)

3 계절에 관계없이 비행기 안은 좀 쌀쌀하다. 아이들이 감기 걸리지 않도록 얇은 카디건이나 남방셔츠와 같은, 입고 벗기 쉬운 옷을 준비한다.

4 비행기에서 아이들이 지루하지 않게 보낼 수 있도록, 부피는 작지만 다양한 놀잇감도 챙겨 보자. 작은 그림 도구, 수첩 등도 시간 보내기 좋은 도구이다.

5 귀국할 때 이용할 전자항공권과 숙소 바우처도 챙기자. 여행지 국가에 도착하여 입국 수속할 때 보여 달라고 하는 곳도 있다. 핸드폰으로 사진이라도 찍어 두자.

출국장으로 들어가기 전에 한 컷!

보안 검색대 풍경

능하다. 항공사 카운터에서 이용 대상자임을 확인받고 패스트 트랙 패스(Fast Track Pass)를 받아 전용 출국장 입구에서 여권과 함께 제시하면 된다. 공항이 많이 혼잡하고 이용자가 많을 경우에는 아주 유용하다.

보안 검색

출국장 안으로 들어오면 줄을 서서 보안 검색을 받게 된다. 보안 요원들은 안전한 비행을 위해 승객들이 휴대한 가방을 X-레이로 꼼꼼히 살피고, 금속 탐지기 등을 이용해 한 사람 한 사람 검색한다. 이곳은 사진 촬영 금지 구역이므로 셀카를 찍으면 안 된다. 아이들의 호기심이 왕성해지는 곳이다.

줄을 서 있다가 자기 차례가 오면, 소지하고 있던 가방, 핸드폰, 여권, 지갑 등은 작은 바구니에 넣어 X-레이 검색대 벨트 위에 올려놓는다. 그리고 보안 요원의 지시에 따라 문처럼 생긴 검색대를 통과한다. 목적지에 따라 추가 검색이 있을 수도 있다. 신발도 때에 따라 추가 검색이 시행된다. 한번은 통굽 샌들

패스트 트랙 이용하기

을 신고 있었는데 내 신발만 가져가서 따로 검사를 했다. 아마도 통굽 안에 뭔가를 숨길 수도 있어서 그런 듯하다. 만약 공이 있다면 검색 요원이 공의 바람을 빼고 돌려준다.

보안 검색을 받기 위해서는 줄을 서서 기다려야 한다. 보안 검색을 왜 하는지, 항공기 테러는 왜 일어나는지, 아이와 대화를 나눌 좋은 기회가 왔다. 국제 질서, 종교 이야기, 테러리스트들이 왜 그런 잘못된 일을 벌이고 있는지 등등을 이야기하다 보면 줄서 있는 시간이 모자랄지도 모르겠다. 막히는 부분은 핸드폰으로 검색해 보고, 참고 사진도 보여 주자. 언제 이런 문제에 대해 진지한 대화를 나눠 보겠는가. 공항에서만 나눌 수 있는 생생한 이야기들이다.

출국 심사

보안 검색을 마쳤다면 짐을 잘 챙기자. 아이도 자기 짐을 잘 챙겼는지 확인하고 출국 심사를 위해 줄을 서면 된다. 자동 출입국 심사는 시간을 절약할 수 있지만 아동은 해당되지 않기 때문에, 아이와 함께하는 우리 여행에서는 해당 사항이 없다.

원래는 1명씩 출국 심사를 받게 되어 있지만, 아이가 있는 경우 보호자가 함께 출국 심사대로 가면 된다. 여권의 기간이 6개월 이상 남았는지 확인하며, 혹시 범죄를 저질러 출국 정지가 되어 있는 사람은 아닌지 확인한다. 가끔 뉴스에 출국 정지를 시켰다는 기사가 나온다. 출국 정지를 당했다면 바로 여기서 확인되어 출국할 수 없게 된다.

출국 심사를 담당하는 사람들은 법무부 소속 공무원이다. 어느 날 출국하며 아이들에게 미션을 주었다. '도장 찍어 주시는 분의 직업은 무엇인지 알아보기!'(참고로 2016년 11월부터는 출국 심사 시 여권에 도장을 찍지 않게 되었다.)

"아저씨, 안녕하세요! 아저씨 직업은 뭐예요?"

늘 근엄한 표정으로 여권에 도장을 찍어 주시던 아저씨가 환하게 웃으시며 "나는 법무부 소속 공무원이야." 하고 대답해 주셨다. 이분들이 웃는 모습은 처음 본 듯했다. 심사를 마치고 나오니 아이들이 법무부가 뭐하는 곳이냐고 물었다. 알면 아는 만큼, 모르면 찾아서 간단히 대답해 주자.

면세 구역과 탑승구

면세 구역

출국 심사를 마치고 나오면 백화점 같은 분위기의 면세 구역이 나온다. 면세 구역은 비행기를 타는 탑승구로 이동하는 통로이기도 하다. 우선 탑승권에 있는 게이트 번호를 확인하자. 크게 여객 터미널(1-50번)과 탑승동 (101-132번)으로 나눠진다. 여객 터미널은 출국 심사를 받은 곳과 같은 건물이고, 탑승동은 여객 터미널 중앙에서 지하로 내려가 셔틀 트레인을 타고 이동해야 한다.

시간 여유가 있다면 잠시 면세 구역에서 쇼핑을 즐길 수 있다. 미리 인터넷 면세점에서 물품을 구입했다면, 지정된 물품 인도장에서 수령하면 된다. 면세점 쇼핑은 엄마들의 즐거움 중 하나이지만, 지나치면 여행 내내 큰 짐이 되어 몸이 힘들어질 수 있다는 점을 명심하자. 아이와 함께하는 여행의 목적이 뭔지 되새겨야 할 때다. 여행 가방은 가벼울수록 좋다. 여행 중에 각종 근육통에 시달리지 않으려면 말이다.

출국 수속을 마치면 탑승구 위치를
찾아, 셔틀 트레인을 타고, 탑승구
에 가서 대기한다.

탑승구

이륙 30~40분 전까지는 면
세점 쇼핑을 마치고 탑승구 앞
에 도착해야 한다. 탑승구까지
긴 거리를 걸어가며, 탑승구 앞
의 의자에 앉아 탑승을 기다리며
아이와 이야기 나눌 시간이 또 생
긴다. 면세 구역에 즐비한 면세점들을 보며 아
이들은 궁금해한다. 면세점이 무슨 뜻인지, 면
세점과 백화점이 어떻게 다른지, 세금은 어디
에 쓰이는지 아이들과 이야기를 나눠 보자.

창밖으로 보이는 공항 풍경은 마치 레고랜
드 같다. 비행기는 엄청나게 크고 그 옆에서
일하는 사람들은 아주 작아 보인다. 활주로에
뜨고 내리는 비행기를 보고 있으면, 그 무거운
기체가 어떻게 떠오르는지 봐도 봐도 신기하
다. 갖가지 디자인의 비행기들을 보며 디자인
품평회도 열어 보자. 어느 나라의 비행기일지
맞혀 보기도 하고, 디자인에 담긴 상징도 찾아
보자.

또한, 공항 건물 내에, 창밖으로 보이는 활
주로에 어떤 사람들이 오가는지도 찾아 보자.
공항에서는 항공 정비사, 항공기 유도원, 높은
관제탑에서 일하는 항공 교통 관제사, 멋진 제

복을 입고 지나가는 기장과 승무원 등 평소에는 보지 못하는 다양한 직업군의 사람들을 만나게 된다. 직업 교육이 별건가? 아이들에게 '저 직업은 어떤 일을 하는 것일까? 어떤 능력이 필요할까?' 하는 질문을 던져 보자.

물론 아이의 나이에 따라서 대화의 깊이는 달라질 수 있다. 이 기회에 아이가 관심이 생긴 직업이 있다면 더 자세히 찾아보고, 어떤 일을 하고 어떤 능력이 필요한 직업인지 더 깊이 들어가 보면 좋겠다. 일상생활 속에서 다양한 직업군의 사람들을 관찰하고 생각할 기회를 만든다면, 그것이 멋진 직업 체험 아닐까 싶다.

이렇게 앉아서 공항의 이모저모를 관찰하고 이야기를 나누다 보면, 대기 시간이 지루하지 않을 것이다. 그러다 보면 어느새 탑승이 시작된다. 탑승권을 보여 주고 비행기에 탑승하면 된다.

창밖으로 보이는 공항 풍경은 흥미로운 관찰 대상이다.

<h1 align="center">알차게 기내 즐기기</h1>

짐 정리하고 자리에 앉기

비행기에 탑승하기 전에 미리 가방을 정리한다. 큰 짐(트렁크, 카메라 가방, 면세점 쇼핑백)은 좌석 위 선반에 넣고, 읽을 책, 작은 수첩, 아이를 위한 물건들은 에코백이나 작은 백팩에 넣어 의자 아래에 둔다. 선반을 자주 여닫는 것은 불편하며 여러 사람에게 실례가 된다. 의자 아래에 둘 에코백에는 입고 벗기 편한 카디건 또는 남방셔츠를 꼭 준비하자. 한여름이라도 실내 온도가 낮아 아이가 감기에 걸릴 수 있다.

아이의 가방은 아이가 직접 챙기게 하자. 정신없어 가방 하나 잃어버리는 일은 흔하게 일어날 수 있다. 공항 화장실에 가방을 두고 오는 일도 많다. 여행은, 특히 비행기 탑승은 자주 있는 일이 아니므로 아이들도 엄마도 살짝 흥분한 상태가 된다. 이럴 때일수록 정신을 바짝 차리고 짐을 체크해야 한다.

여럿이 여행할 때 아이들은 서로 창가에 앉고 싶어 한다. 체크인할 때 좌석의 위치를 잘 파악했다가 분쟁을 줄여 보자. 갈 때, 올 때 창가에 앉을 기회를 번갈아 주어도 되고 가위바위보로 정해도 된다. 하지만 다른 탑승자에게 방해되지 않도록 복도를 막고 있지 않도록 하자. 우선은 탑승권대로 자리에 앉고,

혼잡하지 않을 때를 틈타서 일행의 좌석 범위 내에서 재배치한다. 화장실을 자주 가는 아이라면 창가보다는 복도 쪽에 앉는 것이 좋겠다.

기내에서 지켜야 할 에티켓

드디어 비행기가 하늘로 날아오른다. 세계의 여러 나라 사람들과의 비행이 시작되었다. 지금부터는 대한민국을 대표하는 어린이가 되는 순간이다. 공공질서와 예절을 잘 알려 주자. 무조건 "하면 안 돼." 하는 잔소리가 아니라 설명을 해 주자. 왜 하면 안 되는지, 다른 사람들에게 어떤 피해를 줄지, 어떤 것들을 지켜야 하는지 말이다.

처음 비행이라면 영상으로 방송되는 안내 방송을 잘 시청하자. 만약을 대비해 비상시에 어떻게 행동해야 할지 아는 것은 중요하다. 아이가 비행기 안에서 흥분한 기분에 심하게 떠들지 않게 주의시킨다. 비행기 자체 소음이 워낙 커서 웬만한 소리는 괜찮지만, 지나치면 민폐가 된다. 앞 의자를 발로 밀거나 차지 말고, 팔걸이에 발을 올려놓는 것도 실례다. 핸드폰이나 전자 기기는 완전히 이륙하여 사용해도 된다는 허가가 있을 때까지 사용하지 않는다. 오랜 시간 신발을 신고 앉아 있으면 답답하고 발이 붓기도 한다. 이럴 때는 신발을 벗고 있어도 된다. 그러나 기내를 돌아다닐 때는 신발을 신고 다닌다.

화장실 사용법은 아이와 함께 가서 설명해 주자. 객실의 앞쪽이나 뒤쪽에 있을 것이다. 사람이 없는 쪽을 이용한다. 사용 중이라면 빨간색 'Occupied', 비어 있다면 초록색 'Vacant'에 표시가 된다. 비어 있는 화장실 문의 중앙을 밀면 문이 열린다. 민망한 일이 일어나지 않도록, 들어가서는 문은 꼭 잠근다. 나올 때는 문을 안쪽으로 당기면 된다. 가끔 아이가 문을 열지 못해서 당황하는 일이 생기기도 하니 설명이 꼭 필요하다.

기내 화장실은 좁지만 갖출 건 다 갖추고 있다. 변기의 오물은 기압차에 의

아이에게 비행기 화장실 사용법과 에티켓을 설명해 준다.

해서 처리되는데 소리가 큰 만큼 아이가 놀랄 수 있다. 세면대는 버튼을 눌러야 물이 나온다. 물비누가 어떤 것인지 알려 주고 사용하고 나면 종이 수건으로 손을 닦고 세면대에 튄 물을 깨끗이 닦고 나오도록 에티켓을 알려 준다.

오랜 시간 앉아 있는 것은 힘든 일이다. 화장실 앞 공간에서 스트레칭하는 것도 좋은 방법이다. 화장실 앞에 줄이 긴 시간은 식사 시간 이후다. 이를 닦는 사람과 음료수를 많이 마신 사람들로 인하여 일시적으로 이용객이 많아진다. 식사 시간 바로 전과 식사 후 30분 정도 후에는 이용객이 줄어드니 아이도 그 시간을 이용하여 여유롭게 화장실을 사용하게 하자.

기내에서 아픈 사람이 있을 때

비행기를 타고 여행한다는 것은 심리적으로, 육체적으로 힘든 일이다. 공항까지 오고 이런저런 수속을 하는 시간도 많이 걸린다. 여기에 비행의 불안감까지 더해져서 늘 일행 중 누군가 아픈 사람이 발생한다. 머리가 아프고 열이 나면 챙겨 온 약을 먹인다. 승무원에서 요청하면 약을 주는 항공사도 있지만, 약을 주지 않는 항공사도 있다.

사실 성인이라고 해서 비행기 타는 것이 마냥 즐거운 일은 아니다. 공항에서 신경 쓸 일도 많았고, 이착륙할 때 기체가 흔들리면 놀이 기구만큼이나 큰 긴장감을 준다. 성인도 그런데 아이는 더하면 더했지 덜하지는 않다. 아이는 걱정이 많다. 혹시 지난번 뉴스에서 본 것처럼 비행기가 추락하지는 않을까? 무슨 일이 생기진 않을까? 비행기와 관련된 재난 영화가 생각나기도 한다. 엄마에게 말은 안 해도 아이들에게 이런 불안감은 흔하게 있는 일이다.

지난번 여행에서 돌아오는 비행기 안에서 딸아이는 두통을 호소했다. 나는 감기가 오나 했지만, 승무원은 아이의 불안함을 알았던 것 같다. 무릎을 굽히고 아이의 눈을 보며 괜찮다고 마음을 안정시켜 주었다. "언니는 비행기를 수도 없이 타거든. 그런 일들은 잘 일어나지 않아. 걱정하지 마. 괜찮을 거야." 예쁜 승무원 언니가 손잡아 주며 했던 위로가 아이에게는 큰 힘이 되었다. 역시 그들은 프로였다.

비행기를 타면 귀가 찢어질 듯이 아픈 사람들도 있다. 그 고통이 다시는 비행기 타고 싶지 않을 만큼 너무 심하다고 호소하기도 한다. 소리도 잘 안 들리고 먹먹한 상태가 지속된다. 이것을 전문 용어로는 항공성 중이염이라 한다. 내이와 외이의 압력 차이를 조절해 주는 기관이 제대로 작용하지 않아 생긴다고 한다. 통증을 완전히 없애 줄 수는 없지만 완화시켜 줄 수 있는 2가지의 방법이 있다. 하나는 약국에서 항공성 중이염 약을 사서 복용하는 것이다. 공항 약국에서도 판매한다. 성인과 12살 이상의 아이만 복용 가능하며, 4~6시간마다 한 알씩 먹으면 된다. 다른 하나는 고지대 등산이나 비행에 사용하는 기압 감소 귀마개를 끼는 것이다. 삽입해도 기내 방송 청취, 옆 사람과의 대화가 가능한 귀마개이다. 가볍게 귀가 먹먹한 정도라면 사탕 먹기, 물 마시기, 하품하기 등으로 해결할 수 있다.

기내식 즐기기

비행기를 이용할 때 기내식은 늘 기다려지는 즐거움이다. 대부분의 국제선은 기내식을 제공한다. 동북아, 동남아 노선에서는 1끼, 유럽이나 미주, 오세아니아처럼 먼 곳은 2~3끼의 기내식이 시간대에 따라 다르게 제공된다.

사전에 주문한 아동용 기내식

기내에서는 장시간 앉아 있으므로 소화가 잘 안 되고 더부룩할 수 있다. 과식은 피하도록 하자. 아이가 탄산음료나 주스는 조금만 마시도록 하고 주로 물을 마시게 하자. 아이를 동반한 엄마가 그럴 리는 없겠지만, 혹시 공짜 술이라고 와인이나 맥주를 마구 마셨다간 큰일 난다. 기내에서 술을 마시면 평소보다 빨리 취한다. 과음은 금물이다.

일반 기내식은 대부분 2가지 메뉴가 있어서 그중 하나를 선택할 수 있다. 돼지고기, 소고기, 생선, 닭고기 메뉴가 대부분이며 우리나라 국적기의 경우 비빔밥도 있다. 이 중에서 원하는 것만 단어로 말하면 된다. 아이가 직접 주문해 보게 하자. 와인은 화이트와인과 레드와인 중에 선택 가능하며, 차는 커피와 홍차 중에 선택할 수 있다. 튜브 고추장을 따로 달라고 하면 받을 수 있는데, 여행 중에 유용하게 사용되니 챙겨 두어도 좋다. 출발 전에 신청하면 어린이를 위한 특별 기내식을 제공받을 수도 있다.

기내식 시간 외에도 자주 물을 요청해서 아이가 마실 수 있게 해 줘야 한다. 기내는 습도가 15% 내외로 아주 건조하다. 우리가 의식하지 못하는 사이에 몸의 수분이 증발한다. 인공눈물도 도움이 된다. 내 경우에도 나이가 들수록 비행기의 건조함은 견디기 힘들고, 코 점막이 너무 건조해 잠을 잘 수 없을 때도 있었다. 수시로 물을 마시자.

특별한 기내식 신청하기

대부분의 사람들이 제공되는 기내식을 그냥 먹지만 사전 신청여부에 따라 다양한 선택이 가능하다. 출발 24시간 전까지 각 항공사 서비스센터로 연락하면 원하는 기내식 서비스를 받을 수 있다.

KOREAN AIR
대한항공 1588-2001

ASIANA AIRLINES
아시아나항공 1588-8000

영아식	12개월 미만 영아 가루 분유와 아기용 주스
유아식	12~24개월 미만 유아 이유식과 아기용 주스
아동식	만 2~12세 미만 어린이 스파게티, 햄버거, 오므라이스, 돈가스, 떡갈비, 볶음밥, 샌드위치 등 항공사마다 다른 메뉴가 준비되고 젤리, 과자, 과일 등이 함께 나온다. 유치원생이나 초등 저학년이 좋아할 작은 장난감이 같이 나와 선물 받는 기분이 들어 좋아한다. 그러나 초등 고학년이라면 양이 부족할 수 있으니 일반 기내식을 먹는 것이 낫다. 양이 부족했다면 남는 기내식이 있는지 물어보고 하나 더 요청해 보자. 항공사는 승객을 배고프게 하지 않는다. 단, 기내 좌석이 만석이라면 남는 것이 없을 수도 있다.
야채식	고기를 먹지 않거나 다이어트를 하고 있는 사람들이 선택하는 식단이다. 단순히 야채식이 아니라 생선의 유무, 유제품의 유무 등 세부적인 선택이 많다. 기내에서 소화가 잘 안 되는 사람들이 많이 선택하기도 한다.
기타	그 밖에 식사 조절식(저지방식, 당뇨식, 저열량식, 저자극식, 글루텐 제한식, 저염식, 유당 제한식), 종교식(이슬람교식, 힌두교식, 유대교식), 기타 특별식(해산물식, 과일식, 알레르기식) 등 다양한 기내식이 있다.

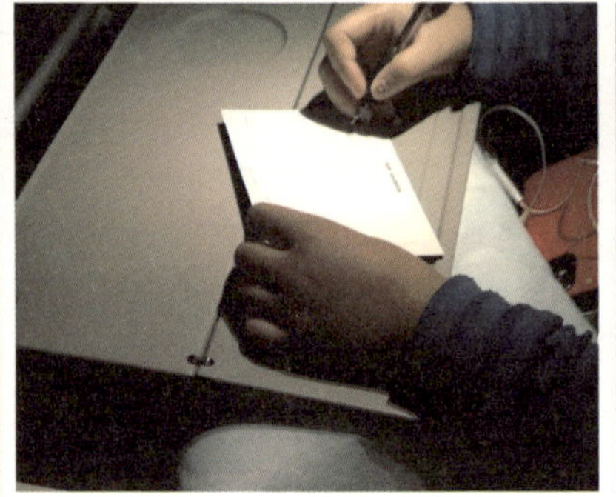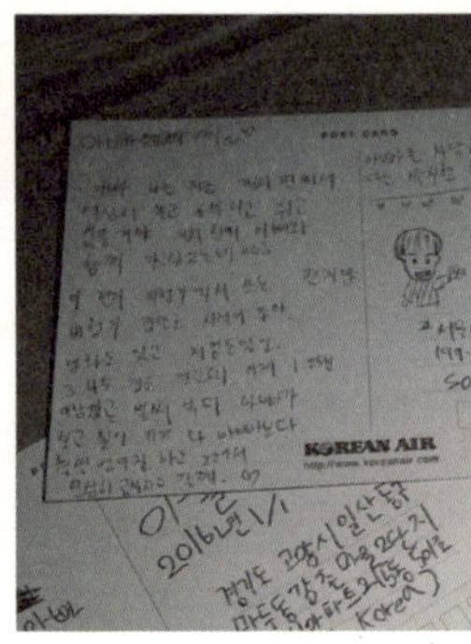

기내에서 엽서 쓰기

기내에서 즐길 수 있는 놀이

맛있는 기내식도 먹었으니 이제 놀아 보자. 좁고 답답한 기내지만, 아이들이 몰두할 만한 놀잇감이 있다면 비행이 훨씬 즐거워진다.

"엽서(postcard) 주세요!" 의외로 모르는 사람이 많은 서비스 중 하나로, 내가 20년 넘게 애용하고 있는 서비스다. 승무원에게 엽서를 요청하면 가져다준다. 펜이 없을 경우 펜도 함께 요청하자. 한국 국적기의 경우는 서울로 돌아가서 발송해 주며, 외국 항공사들은 도착한 도시에서 발송해 준다. 수신인이 엽서를 받기까지는 시간이 걸린다는 말씀이다.

20대에 긴 배낭여행을 떠날 때는 내가 나에게 엽서를 보냈다. 여행을 시작하는 순간의 마음이 어떤지, 어떤 여행이 되었으면 좋겠는지, 돌아오면 어떤 것을 나에게 기대하고 싶은지 등을 적어서 나 자신에게 보내는 엽서였다. 결혼을 앞두고 출장을 갈 때는 사랑하는 그에게 보냈다. 나 또한 문자메시지에 익숙한 세대라 그 작은 엽서를 채우면서도 참 많은 생각을 했었다. 아이와 여행하면서는 한국에 남겨 두고 온 아이 아빠에게 엽서를 썼다. 회사 일 때문에 함께할 수 없는 그에게 감사하고 고마운 마음과 사랑을 담아 엽서를 썼다. 아이도 자기 자신이나 가족에게 엽서를 써 보는 경험을 하면 좋겠다.

가벼운 읽을거리, 그림 도구, 끄적거릴 노트를 준비하면 시간이 후딱 간다. 이런 것들은 아이 가방에 챙겨 보면 어떨까? 여행의 주체가 된다는 것은, '자기 가방이 정말 본인의 여행 가방인가?' 하는 것부터 시작한다. 엄마 가방을 아이에게 필요한 모든 것이 나오는 요술 가방으로 만들지 말고, 아이가 여행의 주체가 되는 가방을 준비해 보자.

두꺼운 책은 무거워서 곤란하지만, 얇은 읽을거리는 여행하는 중간중간 아이들끼리 돌려 보기도 좋다. 기내에 준비된 항공사 잡지도 좋은 읽을거리이다. 외국어로 되어 있다 하더라도 이미지 사진들은 그 나라를 이해하는 데 도움을 준다. 부피가 작은 그림 도구, 일정을 적을 작은 수첩도 좋다. 창밖의 풍경도 그려 보자. 비행기 날개와 하늘, 구름만 보이더라도 그림으로 그리면 멋진 이미지가 마음에 남게 된다. 작은 수첩에는 지명도 적어 보고, 도시 이름도 적어 보고 친구가 된 사람의 이메일도 적어 보면 좋겠다.

실뜨기와 카드놀이도 조용히 즐길 수 있는 놀이다. 카드는 승무원에게 요청

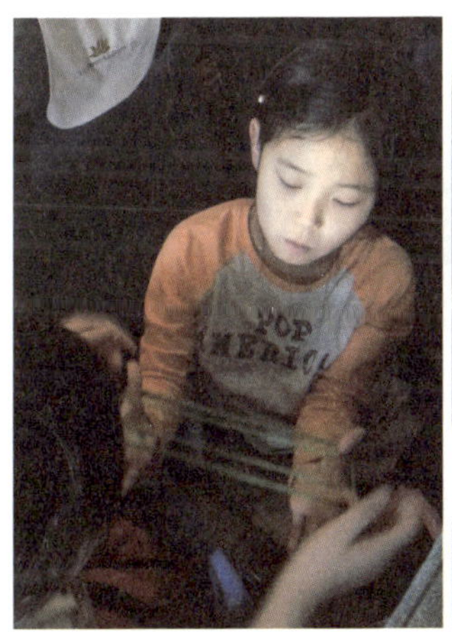

실뜨기를 하거나 그림 그리면서 조용히 노는 아이들

하면 된다. 아이들은 간단한 도구만으로도 참 잘 논다. 앞뒤 사람들에게 피해 주지 않도록 주의 하자.

식사도 끝나고 기내 면세품 판매도 끝나면 기내의 조명이 꺼진다. 많은 사람들이 취침을 한다. 이때는 놀던 것도 정리하고 아이도 자는 것이 좋다. 아마도 출국하는 날은 아침부터 움직였을 테고, 공항에서도 여러 가지 처음 해 보는 경험으로 에너지를 많이 소진한 상태일 것이다. 아이가 잠을 자면서 컨디션을 회복할 수 있도록 한다.

그래도 에너지가 넘치고 잠을 못 이룬다면 개인용 비디오 시스템을 이용해 보자. 좌석마다 개인용 비디오 시스템이 있는 비행기를 탔다면 아이가 훨씬 덜 지루해하긴 한다. 이코노미 클래스에도 설치하는 항공사가 늘어나고 있다. 앞 좌석의 등받이에 모니터가 있어 영화, 음악, 만화, 뮤직비디오, 게임 등의 다양한 채널을 즐길 수 있다. 참 신기하게도 요즘 아이들은 이 기계의 리모컨을 나보다 훨씬 잘 다룬다. 단, 아이가 너무 오랜 시간 사용하지 않게 하자.

기내에서 서류 작성하는 요령

비행기가 착륙하기 전, 승무원이 몇 장의 서류를 나눠 준다. 입국 신고서, 검역 질문서, 여행자 휴대품 신고서가 그것이다. 나라별로 입국 신고서는 비슷하다. 어렵지는 않으니 여권을 꺼내 여권 번호, 국적, 비행기 편명, 여행 목적, 숙박 장소 등을 천천히 하나하나 적어 본다. 휴대품 신고서에는 가지고 온 금액, 입국 제한 물품 소지 여부를 체크하게 되어 있다. 잘못 쓰면 승무원에게 한 장 더 달라고 하면 된다. 입국 신고서가 너무 걱정되면 나라별 입국 신고서를 검색해서 참고할 수도 있다. 영어가 아닌 낯선 언어권 나라로 여행한다면 승무원에게 도움을 청하는 것도 방법이다.

도착지 공항에서

입국 심사

비행기가 드디어 목적지에 안전하게 착륙했다면 다시 살짝 긴장해야 한다. 짐을 잘 챙기자. 아이들이 사용했던 물건들도 확인한다. 앞 의자 주머니도 확인하고, 의자 밑과 짐칸도 구석구석, 두고 내리는 물건이 없는지 확인한다. 여행 중 가방을 잃어버리면 여행 내내 정신적으로 힘들어진다. 확인하고 또 확인하자. 아이의 물건은 스스로 확인하고 챙기도록 훈련시키자.

비행기에서 내려 가장 가까운 화장실은 만원이다. 특히 여자 화장실은 더하다. 일행이 화장실에 갔다면 기다린다. 뒤따라 오겠지 하고 안 기다려 주면, 규모가 큰 공항에서는 이산가족 되기 쉽다. 내 경험 중 하나다. 방콕 공항에서 일행을 잃어버리고 얼마나 놀랐는지 모른다.

'ARRIVAL(도착)'이란 글자를 따라가서 입국 절차를 진행하면 된다. 입국 심사대에 기내에서 작성한 서류와 여권을 함께 보여 주면 된다. 어떤 국가에서는 한국으로 돌아갈 비행기 티켓을 보여 달라고도 한다. 출력한 전자 항공권(e-ticket)을 보여 주면 된다. 뭐 하러 왔냐고 물어보면, 여행하러 왔다고 말해 주면 끝이다. 아이를 동반한 한국 여성이 의심 받을 일이 뭐 있겠는가. 가끔 친절한 공항 직원들은 긴 줄을 피해 아이들과 함께 빨리 입국 수속을 마칠 수 있도록 배려해 주기도 한다.

짐 찾기

입국 심사를 마치고 나오면 모니터 화면이나 전광판에서 내가 타고 온 비행기 편명을 확인한다. 몇 번 수하물 게이트로 가야 할지 나와 있다. 짐을 편하게 운반하기 위해 카트를 준비하고, 일행의 가방이 나오기를 기다리자. 여기서도 방심은 금물이다. 카트 위에 소지품, 카메라 가방 등을 올려놓고 웃고 떠들고 있다간 잃어버릴 수 있다.

출발할 때 우리 팀 가방에만 묶어 놨던 리본은 짐 찾을 때 아주 유용한다. 요즘은 비슷하게 생긴 트렁크도 부지기수다. 재미있는 일이지만 아이들은 가방 찾을 때 아주 진지하다. 계속 돌아가는 벨트 레인을 주시하며 일행의 가방이 나오길 기다린다. 자기가 알아서 찾을 테니까 엄마는 뒤에 계시라고 한다. 하지만 가방이 무거워 아이가 들기 어려우니 주의해야 한다.

흔한 일은 아니지만 내 짐이 엉뚱한

짐을 찾는 아이들

곳으로 가는 일이 가끔 생긴다. 그래서 탑승권과 함께 받았던 수하물 표(Baggage Claim Tag)를 잘 보관해야 한다. 위탁 수하물이 분실되었을 경우에는 수하물 분실 신고소(Baggage Claim)에 가서 신고해야 한다. 분실 수화물의 크기와 색상 등 특징을 말하고 항공권에 붙어 있는 수하물 표를 제시한 후 반환받을 호텔의 연락처를 알려 주면 된다. 항공사에 따라서는 보상비도 지급한다. 그래도 겪지 않는 것이 좋겠다.

수하물 자체가 분실된 것이 아니라 가방 속의 물건 일부가 없어지는 경우도 있다. 그래서 수하물에는 값비싼 전자 기기와 귀중품을 넣으면 절대 안 된다. 보상을 받기 어렵다. 수하물은 항공사, 공항, 세관 등을 거치는 과정에서 누가 가져갔는지 책임을 따지기기 쉽기 않기 때문이다.

공항은 체험학습의 장

공항은 따로 체험학습을 가도 좋을 만큼 매력적인 곳이다. 그러나 비행기를 타러 가야만 안으로 들어갈 수 있으니 여행 때를 잘 활용해 보길 추천한다. 여행으로 들뜬 마음을 진정하고 아이와 많이 대화를 나누자. 이때 아니면 언제 아이와 공항에 대해 제대로 알아보겠는가!

공항은 줄서기와 기다림의 연속이다. 탑승 수속, 출국장 이동, 보안 검색, 출국 심사, 탑승 등 모든 과정이 그냥 한 번에 통과되는 법이 없다. 어쩔 수 없이 줄을 서 있는 동안 아이와 다양한 이야기를 나누며 기다림의 시간을 공항 체험 학습으로 연결해 보면 좋겠다. 어떤 사교육의 체험학습 수업보다 효과 만점의 시간이 될 것이다.

공항은 비행기를 타는 터미널이다. 아이에게 비행기를 타기까지의 과정을 설명해 주고 함께 해 본다. 다음번에는 혼자 비행기를 탈 수 있을 정도로 쉽고 자세하게 알려 주자. 여행에서 돌아올 때는 아이가 앞장서 보는 것은 어떨까? 뿌듯해하며 다 큰 척하는 아이를 만나게 될 것이다.

또한 공항은 작은 정부라도 불릴 만큼 많은 정부 부처가 상주하고 있는 곳이다. 대충 세어 봐도 외교부, 법무부, 관세청, 국방부, 경찰, 검찰, 국정원 등 20

여 개의 정부 부처가 있다. 그만큼 전문직 종사자들이 많으며 다양한 직업 탐색의 기회를 얻게 된다. 공항 내에 근무하는 다양한 유니폼을 입은 직원들을 관찰하다 보면, 키자니아, 잡월드보다 훨씬 훌륭한 체험을 할 수 있다.

공항은 다양한 사회 문제부터 세금과 관련한 경제 문제까지 이야기의 폭이 엄청나게 넓어지는 곳이기도 하다. 내 아이의 연령에 맞게 다양한 이야기를 나눠 보자. 초등 1학년이 다르고, 5학년이 다르고, 중학생이 다르니 그에 맞는 깊이의 이야기를 나누길 바란다. 넘침보다 모자람이 나을 수도 있다. 아이들이 귀를 막는 일이 일어나지 않도록 천천히 이야기를 해 보자. 일방적인 설명보다는 질문을 하나 던져 보는 것이 좋겠다. 왜 그런가를 함께 생각해 보고 이야기를 나눠 보자.

공항에서만 나눌 수 있는 대화

앞서 누누이 얘기했지만 공항은 평소에 접하기 힘든 상황을 많이 접할 수 있는 곳이다. 줄을 서고 대기하는 지루한 시간을 이용해서 아이와 적극적으로 대화를 나눠 보자.

공항 가는 길에

Q. 김포 공항에서 왜 인천 공항으로 옮겨 갔을까요?

"좁아서 이사했지. 서울이 국제 도시로 위상이 높아진 만큼 더 많은 외국 사람들이 한국을 찾아오고 한국인들도 외국에 더 많이 나가게 되었는데 김포 공항이 너무 좁았어. 김포 공항은 땅이 좁아서 더 넓힐 수도 없었거든. 현재 김포 공항은 국내선 공항으로 사용되고 있어."

Q. 왜 서울에서 이렇게 멀리 왔을까요? 공항은 어떤 곳에 있어야 할까요?

"공항은 비행기의 소음이 크게 들려서 공항 주변에 사는 사람들에게 피해를 많이 주지. 그래서 사람들이 많이 살지 않는 곳에 위치하는 것이 좋아. 넓은 땅이 필요한 만큼 땅값이 비싼 도심에는 있을 수도 없단다."

Q. 인천 공항이 바닷가라 안 좋은 점은 없을까요?

"안개가 자주 껴서 비행기가 뜨고 내리기가 힘들어. 또한 갯벌에는 철새들의 먹이가 많아서 서식지가 된단다. 비행기와 철새의 충돌이 자주 일어나서 철새를 쫓는 조류 퇴치 요원이 따로 있을 정도란다."

보안 검색대에서 검색을 기다리며

Q. 검색은 왜 하는 걸까요? 무엇을 찾고자 검색하는 걸까요?

"2001년 9월 11일 아프카니스탄에 본거지를 둔 '알 카에다'라는 이슬람 테러 조직원들이 미국에서 4대의 항공기를 납치해 동시 다발 자살 테러를 저질렀어. 뉴욕에서는 '세계 무역 센터(WTC)'라는 110층짜리 쌍둥이 빌딩이 무너졌고, 워싱

턴에서는 국방부 청사인 펜타곤이 공격을 받았지. 이 사건으로 90여 개국의 약 2,800~3,500명에 달하는 무고한 사람들이 희생되었단다. 그 전에도 공항 검색은 있었지만 9·11 테러 이후 세계의 모든 공항은 인력을 늘리고 장비를 개선하는 등 보안 검색을 강화했지. 비행기 내에 화장품과 생수 등 액체 반입이 금지된 것도 이때부터야. 검색대에서 검색하는 것은 크게 보면 2가지인데, 테러에 이용될 만한 무기나 폭발물을 만들 수 있는 물건들, 그리고 코카인이나 필로폰 같은 마약류야. 가끔은 잘생긴 마약 탐지견의 모습을 볼 수도 있단다."

탑승구 및 면세 구역에서

Q. 백화점 같은데 면세점은 뭘까요?

"면세란 세금이 면제되었다는 뜻이야. 물건 사는 데 세금이 무슨 상관이냐고? 우리나라 국민이라면 세금을 내야 할 의무가 있어. 아빠나 엄마가 돈을 벌어도 소득에 대한 세금을 내. 물건을 사도 세금을 낸단다. 1,100원짜리 과자를 샀다면 10% 세금인 100원을 세금을 내게 되거든. 물건을 판 상인이 대신 세금을 내 주지. 너희들도 세금을 내고 있는 거야.

그런데 면세점에는 세금을 제외한 금액으로 물건을 팔거든. 그래서 싼 가격에 물건을 살 수 있지. 그래서 이곳을 면세점이라 부른단다. 외국인들이 한국에 왔다가 자기 나라로 돌아갈 때 선물을 많이 사 가라고 만든 상점들인데 내국인도 구입할 수 있게 해 주는 거야."

Q. 세금은 어디에 쓰이나요?

"우리가 낸 세금은 국민에게 공평하게 쓰이고 있어. 도로를 만들거나, 새로운 일자리를 만들거나, 공무원들의 월급을 주기도 하고 무상으로 학교를 다닐 수 있는 것도 세금으로 가능한 일이지."

CHAPTER 4

어디서 잘까?

숙소 100배 즐기기

세계의 여행자들을 만나는 또 다른 세상

여행에 있어서 어디에서 무엇을 보고 경험할 것인가 하는 것만큼 중요한 것이 숙소다. 숙소는 단순히 잠을 자는 공간이 아니라 세계 여러 나라의 여행자들을 만나는 접점이기도 하다. 그 나라 사람인 호텔 직원들과 관계를 맺는 것도 여행에선 많은 도움이 된다. 그래서 여행을 준비할 때 가장 많은 시간을 들여 가장 많은 고민을 하는 것이 숙소이다.

왜 멋지고 좋은 호텔에서 자고 싶지 않겠는가. 나 또한 럭셔리한 호텔에서 편히 지내다 오고 싶은 마음이 굴뚝같다. 하지만 한정된 비용으로 아이와 더 많은 것을 보고 경험하려면 조금 더 고민이 필요하다.

나에게는 나름대로 숙소를 고르는 원칙이 있다. 1~2만 원대의 게스트 하우스부터 2~3만 원대의 미니 호텔, 그리고 하루 정도는 15~20만 원대의 좋은 호텔(동남아에서 이 정도면 아주 훌륭하다.)까지 골고루 묵는 것이다.

다양한 숙소에 묵으면 다양한 방법으로 여행하는 사람들을 자연스레 만나게 된다. 정말 배낭 하나 달랑 메고 오랜 시간 배낭여행을 하는 젊은 청년들, 어린아이들도 자기의 가방은 자기가 메고 여행하는 가족 배낭족들, 60~70대의 나이에 사이좋게 두 손을 꼭 잡고 다니는 백발의 노부부까지 다양한 여행자

숙소는 세계 여러 나라의 여행자가 모이는 접점이다.

들을 숙소에서 만났다. 다른 여행자들이 볼 땐 우리도 특별한 여행객이었다. 엄마들과 아이들만의 조합이니 말이다. 만나는 사람마다 놀라워하기도 하고 우리의 열정을 격려해 주기도 했다.

이런 여행자들을 만나며 아이들은 어떤 생각을 할까? 일일이 뭘 느끼느냐고 물어보진 않지만 다양한 여행자들을 보며 아이의 세상은 더 넓어지고 있을 것이다. 아이들에게 너무 좋은 것만 주려 하지 말자. 때로는 불편한 숙소가 주는 매력을 아이들과 함께 느껴 보는 것도 좋다.

외부 활동이 주를 이루는 일정일 때는 저렴한 숙소를 이용하고, 숙소에서 휴식하는 날에는 비싼 호텔에 묵는 것도 요령이다. 열흘 이상 길게 여행하면서 쉬지 않고 여행을 계속할 수는 없다. 어떤 날은 엄마에게도 아이에게도 휴식이 필요하다. 그런 날은 비싼 호텔에 묵으면서 빈둥거리며 낮잠도 자고, 숙박비가 아깝지 않도록 호텔의 좋은 시설도 꼼꼼히 이용한다.

이렇게 숙소를 찾고 알차게 이용하려면 나름대로의 노하우가 필요하다. 인터넷에 찾을 수 있는 숙소 정보는 대개 어른 위주로 된 정보라서, 아이에게 적합한 숙소인지 확인하는 것은 더 힘든 편이다. 특히 숙소 예약은 좀 더 공이 들어간다.

숙소의 종류

해외여행에서 묵게 되는 숙소는 호텔, 게스트 하우스, 홈스테이 등 3가지로 크게 구분할 수 있다. 저렴한 게스트 하우스부터 시설 좋은 호텔까지 골고루 일정에 넣어 보자.

호텔

호텔 등급은 객실 요금, 서비스 수준, 종업원의 수 등에 따라 등급이 매겨진다. 한국은 무궁화, 미국은 다이아몬드, 영국은 왕관으로 등급을 표시하고 있지만, 해외 호텔 예약 사이트에서는 별(★)로 표시된다.

외부 일정이 많을 때는 호텔이 좋을 필요가 없다. 잠만 자면 되니, 2~5만 원 사이의 호텔을 이용한다. 그 정도 비용이면 동남아에서는 별 3개짜리 호텔을 구할 수 있다.

비싸고 좋은 호텔은 외부 일정이 없는 날

호텔의 트윈베드룸

로 예약한다. 기왕이면 여행의 후반부에 좋은 숙소에 묵는 게 좋지만, 여행지의 특성이나 일정을 고려하다 보면 그게 어려울 때도 있다. 그날은 호텔에서 휴식하는 날로 정해서 수영장, 사우나, 아름다운 정원 등의 호텔 시설을 충분히 이용하고 여행의 피로를 풀어 보자. 단순히 시설이 좋은 게 아니라 특색 있는 프로그램이나 아름다한 경관을 갖춘 호텔이라면, 그곳에 묵는 것 자체가 멋진 추억이 될 것이다.

게스트 하우스

단순히 잠만 자야 하는 일정에서는 저렴한 게스트 하우스가 좋다. 온종일 나가 있으면서 비싼 숙소를 잡는 것은 낭비다. 주로 배낭여행객들이 사용하는 게스트 하우스(guest house), 백패커(backpacker), 호스텔(hostel)은 이름은 다르지만 비슷한 구조의 숙소들이다. 때로는 낮은 등급의 호텔도 해당된다. 게스트 하우스도 일반 호텔 예약 사이트에서 검색과 예약이 된다.

시설은 여러 사람이 함께 묵는 도미토리(dormitory)와 일반 룸으로 구분된다. 도미토리에는 2층 침대가 여러 개 있어서 한 방에 여러 명이 잔다. 남녀 구분 없이 사용하는 곳도 종종 있다. 1인이 1박을 할 경우, 동남아의 게스트 하우스는 5천~1만 원, 유럽의 게스트 하우스는 2만~4만 원 정도의 숙박비가 든다. 방에 에어컨이 있는지 선풍기가 있는지, 방마다 욕실이 딸려 있는지 공동 욕실을 사용하는지, 더운 물 샤워가 가능한지 아닌지에 따라 숙박비가 달라진다. 때로는 조식을 아주 간단하게 제공하기노 하니 제시간에 챙겨 먹는 것이 좋겠다.

혼자 여행하는 여행자는 비용을 줄이기 위해 게스트 하우스의 도미토리 룸을 사용하지만, 일행이 2명이라면 일반 룸에 묵는 편이 도미토리보다 저렴하거나 비슷할 수도 있다. 그래서 여행하다 만나서 친구가 되면 함께 일반 룸에

Elysian sapa hotel
Add : 038 Cau May - Sapa
Restaurant
Add : 038 Cau May - Sapa
038

하노이 리틀다이아몬드 호텔의 도미토리룸

묵기도 한다. 도미토리 이용은 색다른 경험이지만, 일행이 있을 때에는 도미토리를 고집할 필요가 없으니 숙박비를 따져 보도록 한다.

아이와 여행하며 도미토리 룸을 이용하는 일은 아마 일부러 작정하지 않으면 하기 힘들겠지만, 비용을 줄이기 위해서가 아니라 다양한 경험을 위해 한 번쯤 시도해 보는 것도 좋겠다. 게스트 하우스의 장점은 다양한 나라의 여행객들과 허물없이 인사하고 여행에 대한 이야기를 나눌 수 있다는 것이다. 참 이상하게도 비싼 호텔에서 만난 여행객들과는 다른 친밀감이 있다. 뭔가를 물어보고 이야기 나누기가 참 자연스럽고, 세계 각국에서 온 사람들이 자유롭게 여행하는 모습을 옆에서 볼 수 있다.

때론 게스트 하우스에서 한국의 젊은이들을 만나기도 한다. 그들은 오히려 우리 아이들을 부러워하며 이렇게 말해 주곤 했다.

"우리 부모님도 어릴 때 함께 배낭여행을 해 주셨으면 참 좋았을 텐데. 부럽다, 얘들아!"

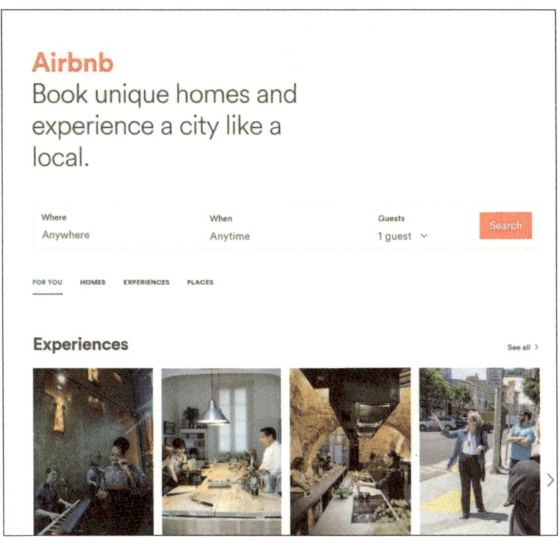

홈스테이 정보를 찾기 편리한 에어비앤비 사이트

홈스테이

인터넷으로 홈스테이를 이용하기 위한 사이트가 있다. 바로 에어비앤비(Airbnb)이다. 아침 식사와 침대가 제공되는 홈스테이 정도로 이해하면 된다. 개인의 집에서 남는 방, 또는 집 전체를 여행자들에게 빌려 주는 사이트이다. 그래서 현지인들의 삶을 깊숙이 들여다보는 색다른 여행이 가능하며, 특히 3~4명으로 이루어진 가족이 머무르기에 좋다. 우리는 엄마들과 아이들 여럿이 함께 여행을 하니 항상 인원이 5명 이상이라서 에어비앤비에서는 숙소를 구하기가 어려웠다.

요즘은 에어비앤비에 가정집이 아닌 일반 숙박업소와 비슷한 곳도 많이 눈에 띈다. 후기를 잘 읽어 보고 집주인이 어떤지도 살펴보자. 집주인이 내가 좋아하는 분야의 특별함을 가지고 있는 사람이라면 더할 나위 없이 좋겠다.

유럽이나 일본에서는 에어비앤비를 통한 홈스테이가 활성화되어 있지만, 동남아시아에서 홈스테이란 그리 시설이 좋진 않다. 숙박업소가 없는 마을에서 어쩔 수 없이 홈스테이를 이용해야 할 때면, 정말 그들의 삶을 적나라하게 체험하게 된다. 그렇지만 아이들은 누구도 불만을 토로한 적이 없었다. 그만큼 불편하지만 홈스테이만이 주는 매력이 있기 때문일 것이다.

유스호스텔

위의 3가지 외에 언급할 만한 숙박 형태로 유스호스텔을 꼽을 수 있다. 숙박비가 비싼 지역을 여행할 때는 유스호스텔 이용이 아주 좋은 방법이다. 그래서 숙박비가 저렴한 동남아에서는 별 매력이 없지만, 숙박비가 비싼 유럽에서는 인기가 있다. 유스호스텔은 회원증이 있어야 할인가로 이용할 수 있으며 카드는 한국 유스호스텔 연맹(www.kyha.or.kr)에서 발급받을 수 있다. 게스트하우스와 마찬가지로, 다양한 국가의 여행자들과 자연스럽게 어울릴 수 있는 기회를 만들 수 있다는 장점이 있다.

오래도록 추억에 남는 숙소 이야기

그동안 여행하면서 여러 숙소에 묵었다. 아주 저렴하고 시설이 열악하지만 멋진 추억을 남겨 준 숙소도 있었고, 안락하고 고급스럽지만 그뿐이었던 숙소도 있었다. 여기 소개한 숙소는 시설과 무관하게 아이들이 두고두고 이야기하는 곳들이다.

태국 암파와 수상 가옥
홈스테이

태국의 방콕에서 1시간 거리에 있는 암파와는 밤에 이루어지는 반딧불 투어와 금·토·일 주말 시장이 유명한 곳이다. 특히 주말에는 태국 현지 관광객에 외국인들까지 몰려서 발 디딜 틈 없이 번잡하다. 물론 호텔도 많지만, 주말에는 워낙 예약이 몰리니 숙박비도 2배가 된다. 한국인들은 주로 당일 투어를 많이 하는 곳이지만, 이곳이 아니면 언제 수상 가옥에서 하루를 보내 보겠는가. 목요일에 가서 반딧불 투어를 하고 수상 가옥에서 하룻밤을 잔 뒤, 금요일에 암파와 시장을 경험하고 방콕으로 돌아오는 것이 가장 좋은 방법이다. 강변에 줄지어 선 나무들에 반딧불들이 가득한 풍경은 마치 불 켜진 크리스마스 트리처럼 예뻤다.

베트남 몽족 마을

홈스테이

몽족 마을은 베트남 하노이에서 기차로 8시간, 버스로 다시 1시간을 가야 하는 해발 1,650m의 산악 지대에 위치해 있다. 12개의 부족이 모여 사는 곳인데, 우리는 블랙 몽족 마을에서 하루 홈스테이를 했다. 나는 현지 여행사를 통해 홈스테이를 소개받았다. 우리는 일행이 9명이나 되어서 적당한 집을 구하기 어려울 것 같아서였다. 하지만 워낙 홈스테이 하는 집들이 많아서 그냥 가도 별 무리가 없을 듯했다.

부지런히 일군 계단식 논이 절경을 이루고 있었다. 낮에는 냇물에서 아이들이 물장구를 치고, 밤에는 모기장이 쳐진 매트리스에서 잠을 잤다. 마을 주민에게 전통 염색도 배웠다. 몽족 전통 방식대로 밀랍을 녹여 천에 그림을 그리고 쪽물을 들여 염색했다. 마당에 모여 앉아 멋진 작품들을 만들어 보았다. 할머니는 이 마을에서 자기가 제일 잘한다고 자랑하셨는데, 정말 할머니의 작품들은 놀랍게 세밀하고 아름다웠다.

마을 아이들과는 놀이판을 벌였다. 홈스테이를 가기 전에, 마을 아이들과 놀면 좋겠다 싶어 준비를 좀 했다. 공기, 팽이, 색종이 등등을 꺼내 놓으니 금세 아이들이 모여들었다. 홈스테이는 호텔과는 다른 이야기들이 많이 생긴다. 마을을 만나고 마을 사람들을 만나고 우리들만의 이야기가 생긴다.

태국 파타야 하드락 호텔
호텔

세계적 체인인 하드락 호텔의 수영장은 바닷가 모래사장이 콘셉트이다. 호텔 안에 있지만 마치 해변에 있는 듯하다. 하루 종일 놀아도 아이들 눈이 빨개지지 않는 것을 보면 물 관리도 잘 되어 있는 듯하다. 파타야 하드락 호텔은 주말에 수영장에서 거품 파티를 한다. 사실 이 거품 파티가 파타야의 수많은 호텔 중에서 이 호텔을 선택한 이유였다. 낮에는 다양한 프로그램을 즐기며 물에서 놀고, 오후에는 거품에서 놀 수 있어서 하루 종일 놀아도 아이들은 지칠 줄 몰랐다. 거품의 느낌은 포근하고 부드러웠다. 아이들을 위한 프로그램이 잘 되어 있으니, 놀다가 쉬다가 하며 호텔에서의 하루가 여유롭고 즐거웠다.

베트남 달랏 아나만다라 리조트
호텔

베트남의 달랏이라는 고산 도시에 프랑스의 식민
지 시대에 만들어진 호텔이 있다. 고풍스러운 척
흉내 낸 가짜가 아니라 '앤티크' 그 자체였다. 숲
속에 위치해 평화로웠고 오래된 프랑스 저택에
초대받은 기분이 들었다. 산책하고 그림 그리고
사진 찍으며, 휴식의 시간을 보낼 수 있었던 멋진
곳이다. 한국인들도 많이 투숙하지만, 대부분 골
프 치러 다니느라 이 멋진 리조트를 즐기는 사람
은 우리밖에 없었다.

숙소 예약하는 방법

인터넷으로 호텔 예약하기

항공권을 예약하는 것과 마찬가지로 숙소 예약도 손품을 팔아야 한다. 저렴한 방이라도 가격 대비 시설이 좋은 호텔을 찾아야 하며, 아무리 시설이 좋고 가격이 착해도 중심지에서 너무 떨어져 있으면 안 된다. 같은 돈으로 더 좋은 숙소에 묵고 싶다면 꼼꼼히 따져 보는 수밖에 없다.

인터넷 예약 사이트 중에서 어디가 가장 좋다고 한마디로 말할 수는 없다. 날이 갈수록 점점 더 편리하고 좋은 예약 사이트들이 나오고 있고, 나 또한 매번 이용하는 사이트가 달라지니 말이다. 같은 호텔도 예약 사이트마다 가격이 다르고 카드 할인 등에 따라서도 달라진다. 골치는 아프지만 그래도 즐거운 마음으로 호텔 예약을 해 보자. 호텔 예약만 끝나도 여행 준비의 많은 것을 해결한 셈이다.

때로는 현지 여행사가 호텔과 더 친하다

아고다 같은 호텔 예약 사이트에서만 호텔 예약이 가능한 것은 아니다. 외국에는 현지 한국 여행사들이 많다. 가장 많은 곳은 태국이다. 이 여행사들에서

숙소 예약 노하우

1 다른 사람들의 여행기에서 숙소를 눈여겨본다. 특별한 장점이 있는 숙소는 입소문이 나기 마련이다.

2 좋은 호텔에서 푹 쉬면서 호텔 시설을 야무지게 이용하고자 할 때는 현지 여행사의 추천을 받는다.

3 그냥 잠만 잘 호텔은 트립어드바이저(www.tripadvisor.co.kr)에서 도시명, 날짜 등을 입력하고 옵션 선택 사항을 선택해서 검색되는 호텔들을 중심으로 살펴본다. 적나라한 후기들을 읽어보면 어느 정도 선택이 가능하다.

4 트립 어드바이저에서 바로 예약하지 말고 호텔 이름을 카피하여 아고다, 부킹닷컴, 익스피디아, 호텔스컴바인 등 호텔 예약 사이트에서 다시 금액을 확인해 본다.

5 선택한 호텔의 홈페이지에도 들어가 보자. 뜻밖의 프로모션을 만날 수도 있다. 검색해 보면 호텔에 대한 블로거들의 알토란 같은 후기를 만날 수도 있다.

6 지도에서 위치를 확인하는 것은 필수다. 대중교통을 이용해서 여행할 경우, 아무리 시설이 좋고 가격이 저렴해도 관광지에서 너무 떨어져 있으면 안 된다.

도 호텔 예약이 가능하니, 전화나 이메일로 호텔 예약이 가능한지 알아본다. 아이를 동반한 여행임을 말하고 즐겁게 이용할 만한 시설이 있는 호텔을 추천 받을 수도 있다. 현지 한국 여행사들은 대부분 인터넷 전화를 쓰기 때문에 전화비 걱정하지 않고 언제든 전화해도 괜찮다.

한번은 엄마 2명과 아이 2명이 한 방을 쓰겠다고 하니, 국내 여행사에서는 예약이 불가능하다고 했다. 하지만 현지 여행사에서는 예약을 해 주었다. 아마도 현지 여행사와 호텔들과의 관계 때문에 가능한 일인 듯했다.

이런 현지 여행사는 여행 관련 카페에 홍보를 많이 하고 있어 쉽게 찾을 수 있다. 또는 포털 사이트에서 '○○ 지역 현지 여행사'로 검색해서 뜨는 곳을 몇 군데 들어가 봐도 된다. 여행사 홈페이지에는 웬만한 호텔 숙박비도 올라와 있고 1일 투어 상품들도 있으니 둘러보면 도움이 많이 된다. 인터넷 예약 사이트 가격과 비교해 보고 얼마 차이 나지 않는다면 현지 여행사를 이용하는 것도 편한 방법이다. 원하는 방이 없을 때에는 업그레이드해 주기도 한다.

숙소 예약의 디테일

대부분 숙소는 성인 2명을 기준으로 방이 만들어졌다. 그러나 동남아 호텔의 경우 싱글 침대라도 크기가 넉넉한 경우가 많다. 싱글 침대 하나면 아이와 엄마가 함께 자기에는 충분하고, 더블 침대라면 엄마+아이 2명까지 자도 충분하다. 아이는 체구가 작기도 하고, 집 떠난 아이들은 불안한 마음에 엄마와 꼭 붙어 자기를 원하는 경우가 많았다. 어떤 때는 한 방에 엄마 2명과 아이 3명까지 투숙하기도 했다. 따로따로 묵는 것보다 한 방에 모여서 자는 것이 더 재미있기도 하다.

하지만 이런 경우 아이까지 포함된 인원수대로 예약했다가는, 예약이 불가

아이들이 어리다면 침대가 많이 필요
하지 않다. 이날은 수학여행 온 듯 옹
기종기 모여 잠이 들었다.

능하거나 아주 비싼 방을 사용해야 한다. 예를 들어 성인 2명+아이 1명, 또는
성인 2명+아이 2명의 구성인데 싱글 침대 2개(트윈베드룸)로 충분할 것 같다
고 생각되면 성인 2명으로 예약을 하자. 우선 이렇게 예약을 하고 호텔에 가서
추가 요금을 지불하는 것이다.

　그러면 호텔에 따라 아이의 조식 비용만 더 받는 곳도 있고, 엑스트라 침대
사용료까지 받는 곳도 있다. 엑스트라 침대가 필요 없지만 호텔 규정상 지불해
야 한다면, 이때는 못 내겠다고 우기지 말고 추가 경비를 지불한다. 그리고 나
서 엑스트라 침대는 필요 없다고 말하면 된다. 엑스트라 침대가 방에 들어오면
방이 좁아져서 불편하므로, 엑스트라 침대를 사용할 계획이 없다면 추가 경비
만 내고 침대는 놓지 않는 편이 낫다. 얼굴 붉힐 일은 아니다. 우아한 한국 엄
마의 모습을 잃지 말자.

알차게 숙소 이용하기

호텔 조식

체크인할 때 조식 시간을 체크해 두자. 체크인할 때 조식 식권을 주는 호텔도 있고, 식당 입구에서 방 번호만 확인하고 입장시키는 호텔도 있다. 조식 식권을 줄 경우에는 잃어버리지 않도록 하자. 2인실에 아이가 추가된 경우, 조식 식당에서 추가금을 따로 받는 곳도 있다.

1일 투어가 있거나 아침 일찍 체크아웃하고 떠나야 해서 조식 먹을 시간이 없다면, 식당에 양해를 구해 보자. 호텔 프런트보다는 식당에 직접 말해 보는 것이 편하다. 그러면 예정된 시간보다 일찍 식사를 하게 해 주거나, 도시락 용기를 주고 담아가서 이동하며 먹을 수 있게 해 주기도 한다. 아이가 있다고 말하고 요청하면 쉽게 해결된다.

경치가 좋고 분위기 있는 호텔이라면 좋은 자리에 앉아 충분히 아침 식사를 즐겨 보자. 언제 이런 여유로운 식사를 해 보겠는가. 패키지 여행객들은 아침 일찍 다 떠났고 식당은 여유롭다. 물론 식당 예절과 식사 예절은 필수이다. 아이가 남을 배려하면서 품위 있는 식사를 할 수 있도록 예절을 가르치자.

뷔페식에서도 따로 주문을 해야 하는 음식이 있다. 오믈렛 하나 주문하는 것

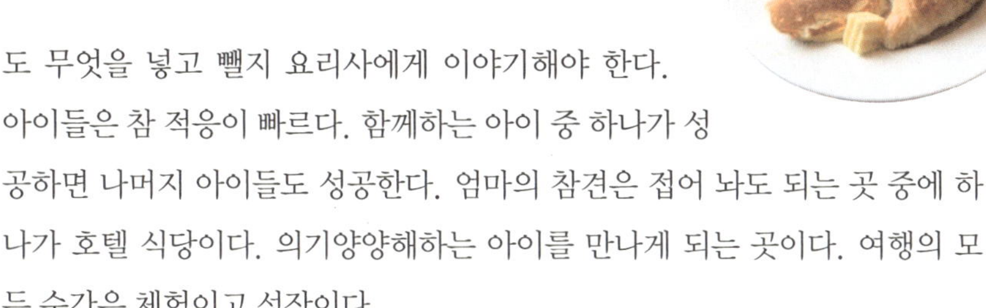

아이들은 엄마 없이도 조식을 잘 즐긴다.

도 무엇을 넣고 뺄지 요리사에게 이야기해야 한다.

아이들은 참 적응이 빠르다. 함께하는 아이 중 하나가 성

공하면 나머지 아이들도 성공한다. 엄마의 참견은 접어 놔도 되는 곳 중에 하

나가 호텔 식당이다. 의기양양해하는 아이를 만나게 되는 곳이다. 여행의 모

든 순간은 체험이고 성장이다.

부대시설

좋은 호텔을 골랐을 때는 이유가 있었을 것이다. 호텔의 부대시설이 무엇이

있는지 꼼꼼히 살피고 알차게 이용하자. 이미 알고 온 시설도 있겠지만 다시

한 번 꼼꼼하게 챙겨 보자. 어떤 것들이 있는지, 무료인지 유료인지, 몇 시까

지 이용 가능한지 프런트에 물어보자. 프런트에서 모든 시설의 설명을 다 들을

수는 없으니, 직접 시설들을 둘러보며 아이들이 이용하기에 주의해야 할 곳은

없는지, 흥미로운 시설들은 뭐가 있는지 확인한다.

참 다행스럽게도, 대부분의 호텔 투숙객들은 아침부터 가이드를 따라서 관

광하러 나가기 때문에 부대시설을 이용하는 사람이 몇 안 된다. 그래서 아무리

투숙객이 많은 호텔이라도 항상 여유롭게 이용할 수 있다. 식당이나 마사지숍

의 프로모션도 챙겨 보자.

파타야 하드락 호텔 수영장의 프로그램 'Walk on the water'

'Water Aerobics' 프로그램

바다나 수영장에서 노느라 아이들이 지친 날은 멀리 나가지 말고 호텔 식당에서 식사하는 것도 방법이다. 이런 날은 아이들도 일찍 재워 다음 날을 위해 컨디션 조절을 해야 한다. 동남아에서는 호텔 식당의 가격이 한국의 일반 식당 수준이다. 하루쯤은 호텔 식당 음식으로 호사를 누려 본다.

호텔 정원도 맘껏 누려 보자. 예술품 같은 조명등이나 벤치, 아기자기한 산책로 등을 아이들과 천천히 느껴 보자. 미술관이 따로 있는 것이 아니다. 그 나라의 예쁜 꽃들과 멋진 나무들은 호텔 정원에 다 있다. 사진을 찍기도 좋다. 한국에 없는 예쁜 꽃과 나뭇잎을 찾아 사진 찍기도 색다른 놀이다. 아이들이 여럿 모이면 뭐든 놀이로 만든다. 엄마는 옆에서 힌트만 하나씩 던져 준다. 여행하느라 꼬질꼬질해졌던 아이들이 이날은 제일 예쁜 옷으로 갈아입고 화보 촬영 놀이를 해도 재미있다. 현지 시장에서 산 전통 의상을 입고 호텔을 배경으로 찍은 사진도 여행을 즐겁게 한다.

멋진 수영장이 있는 호텔에서는 물놀이도 빼놓을 수 없다. 간혹 자체 수영장 시설이 빈약해서 옆 호텔 수영장을 함께 쓰는 호텔도 있었다. 이 사실을 미리 확인하지 않았다면 옆 호텔의 멋진 수영장을 이용하지 못했을 것이다. 수영장 이용 시 놀이공원처럼 손목 밴드를 채워 주는 곳도 있다.

하드락 호텔의 무료 프로그램들

어린이 무료 프로그램

클럽메드나 PIC에만 무료 프로그램이 있는 것이 아니다. 이런 프로그램에 참여하면 세계 여러 나라의 어린이들과 재미있는 시간을 보낼 수 있다. 프로그램은 영어로 진행되지만, 쉬운 영어를 사용하기 때문에 아이들도 별문제가 없다. 아이들은 눈치가 빨라서 다양한 게임 진행에도 결코 뒤지지 않았다.

파타야 하드록 호텔에서 참여했던 프로그램은, 칠판에 나라명과 아이들의 이름을 써 가며 물 위에서 게임을 진행했다. 나라 이름이 적혀 있으니 무슨 국가 대표가 된 듯한 기분이 들었다. 그 많던 한국 관광객들은 다 관광하러 나갔는지 우리 팀만 한국인이었다. 다양한 나라의 사람들과 즐기니 더 즐거웠다. 한류의 영향으로 이곳에서 한국의 대중음악을 들을 수 있었다. 수영장에서 익숙한 음악에 맞춰 엄마들과 아이들이 마음껏 춤을 즐겼다.

셔틀버스 또는 보트

호텔에 셔틀버스 또는 보트가 갖춰져 있는 경우도 있다. 호텔 이용자들을 위한 셔틀버스를 운행하는 경우, 이것을 이용한 시내 관광도 가능하다. 시내 중심지를 도는 버스를 이용하면 한나절 여행하는 데 손색이 없다. 체크아웃하는 날에 짐을 맡기고 셔틀버스를 이용해 관광하러 나가는 것도 방법이다. 방콕의 강변에 위치한 호텔들은 보트를 가지고 있다. 시설도 좋고 야경을 잠깐 감상하기에 부족함이 없다.

여행 가방 보관과 샤워실 이용

체크아웃하고 바로 다른 도시로 이동하는 게 아니라, 저녁 때 이동해야 하는 경우가 있다. 그럴 땐 짐을 호텔에 맡기고 나가서 관광을 하고, 오후 늦게 돌아와 씻고 저녁 이동을 준비하면 된다.

호텔 수영장에 샤워장이 딸려 있는 경우에는 그곳을 이용해도 된다. 아니면 화장실에서 세수하고 양치질이라도 하고 떠나자. 더운 나라인 만큼 씻지 않고 저녁 이동을 하기는 아무래도 힘들다. 저녁 이동이라 함은 야간열차나 침대 버스를 이용하는 것을 말한다. 옷도 갈아입고 잘 준비를 하고 차를 타야 한다.

아예 떠나는 것이 아니고 중간에 하루이틀만 다른 지역에 갔다가 다시 그 숙소로 돌아올 예정이라면, 큰 짐은 맡기고 작은 가방에 간단하게 짐을 챙긴다. 큰 짐은 늘 부담이 된다. 간혹 짐을 맡아 주는 비용을 요구하는 호텔도 있지만, 대개는 무료로 보관해 준다. 귀국하는 날, 밤에 비행기를 타야 한다면 이때도 짐을 맡기고 하루 여행을 즐긴다. 저녁에 다시 돌아와 가방을 찾아가는 것이 번거롭겠지만, 커다란 트렁크를 끌고 여행하는 것보다는 낫다.

만일 낮 동안에 딱히 구경할 곳이 없거나 호텔에서 편안히 쉬는 쪽을 선호한다면, '레이트 체크아웃(late check-out)'도 한 방법이 된다. 호텔 프런트에 미리 요청하면 추가 비용 없이 몇 시간 늦게 체크아웃할 수 있도록 배려해 주는 경우도 있고, 추가 비용을 내야 하는 경우도 있다. 미리 규정을 확인해 보고 추가 비용이 너무 부담스럽지 않다면, 오후에 좀 더 수영장도 즐기고 느긋하게 쉬다가 이동 시간에 맞춰서 체크아웃하는 것도 좋은 방법이다.

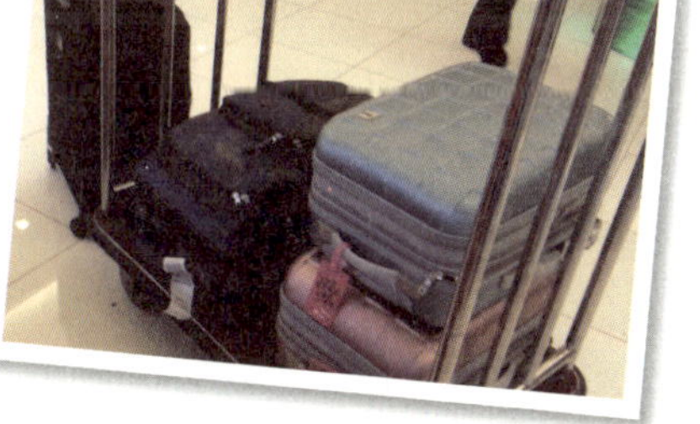

호텔 보관소에 맡겨진 짐들

성공적인 여행 노하우

엄마를 위한 팁

뜻밖에도 엄마들이 여행을 망설이는 첫 번째 이유는 언어였다. "영어 공부를 좀 해야 떠날 수 있을 것 같아요." "애들이 보고 있는데 좀 잘해야 하지 않을까요?" "영어에 자신이 없어서 아무래도 힘들 것 같아요." 등등. 다른 이유도 아니고 영어 때문이라니!

영어가 유창하지 않다는 것이 여행할 때 불편한 이유는 될 수 있지만 여행을 못할 이유는 되지 않는다. 나는 '영어를 글로 배웠어요' 세대이다. 그러다 보니 20년 전 혼자 배낭여행을 할 때도 얼마나 많은 실수를 했었는지 모른다. 혼자 생각해 보면 얼굴 빨개질 일들이 한두 개가 아니다. 하지만 한국에 온 외국인들이 한국어를 잘하지 못한다고 흉보는 사람이 있을까? 마찬가지로 우리는 영어권 국가에서 자라지 않았으니 영어를 못하는 게 당연하다.

영어에 소질이 많은 10살 효린이가 여행 중 나에게 말했다.

"아줌마 영어는 좀 이상한데, 사람들이 다 알아듣네요!"

그러곤 휙, 가 버렸다. 이 말 한마디에 여러 가지 생각을 했다. 아마 효린이는 '아줌마처럼 대충 영어 해도 사람들이 알아듣는구나.' 하고 신기했을 거다.

학원에서 배운 것처럼 안 해도 소통은 된다는 것도 알았을 것이다.

반면, 부끄럼쟁이 딸은 내 앞에서 영어를 쓰지 않는다. 그런데 여행하다가 내가 모르는 것을 말해 줄 때가 있다.

"어떻게 알았어?"

"내가 물어보니까 아저씨가 말해 줬어."

여행 다니며 내 눈으로 목격은 못했지만 대화를 했어야만 가능한 일들을 해내는 것을 보면 사람들과 대화를 하긴 했다는 것이다. '딸! 엄마는

짧은 영어로 길을 물어보면 다들 친절하게 알려 준다.

보고 싶어, 여행하며 사람들과 소통하는 네 모습을.' 하는 아쉬움이 들긴 하지만, 어쨌든 아이들 영어 수준으로도 대화는 가능하다는 얘기다.

지금도 나는 영어 공부를 하지 않는다. 하고 싶지 않다. 그냥 이 정도에 만족하고 살려고 한다 솔직히 역사, 정치, 경제, 철학 같은 수준 있는 대화는 못한다. 그래도 먹고, 자고, 교통수단을 이용할 수 있는 정도면 된다. 영어 때문에 여행을 못 간다는 건 말도 안 되는 핑계다. 엄마들부터 쫄지 말고 용기를 내자.

쉬운 영어 사용법

필수 단어 몇 개만 확실히 외운다

여행하면서 필요한 영어는 주로 먹고 자고 이동하는 것에 관해 묻고 답하는 게 전부이다. 'check in(체크인)', 'toilet(화장실)', 'How much is it?(얼마예요?)' 같은 필수 단어만 몇 개 외워서 알차게 써먹으면 된다. 간간이 다른 나라에서 온 여행자들과 대화할 기회도 있지만, 그들도 간단한 것들을 주로 물어본다. 몇 마디 해보면 그들도 안다. 나랑 대화할 수 있는 한계가 어디인지. 그러니 어려운 거 물어볼까 봐 걱정하지 말자.

짧게 말한다

멋진 문장으로 길게 말하려 하지 말자. 영어책에서 나오는 고급 표현을 열심히 외워도, 갑작스러운 상황에서는 생각나지 않는다. 표정과 몸짓은 엄청나게 정중하고 고급스럽게 하되, 말은 한두 단어로 짧게 말해라. 그래도 다 알아듣는다. 원래 언어란 말이 전부는 아니다. 그냥 동사 하나로, 명사 하나로 말해도 모든 것이 해결된다.

내가 뭘 원하는지 간단히 말한다

여행지에서는 내가 돈 쓰는 '갑'이고 상대방이 '을'이다. 내 말을 찰떡같이 알아

여행에서 만난 사람과 페이스북 주소를 주고받는 엄마와 아이들

베트남 하롱베이의 유람선
에서 캐나다, 프랑스 여행
자들과의 선상 만찬

들어야 하는 것은 그들이다. 그래서 나는 'I want ~'와 'I need ~' 이 두 가지 문장을 가장 많이 쓴다. '난 방이 필요해.' 또는 '난 터미널로 가고 싶어.' 이런 식이다. 이 말에는 '내가 이런 것이 하고 싶은데 너는 어떻게 해 줄 수 있어?'의 의미가 담겨 있다. 되도록 하고 싶은 말을 단순하게 만들어라.

만능 단어 please

무슨 말이든 'please'라는 단어 하나만 붙이면 정중하게 부탁하는 표현으로 바뀐다. 원하는 단어에 'please'만 붙이면 된다. "Water."는 '물!'이지만 "Water, please."는 '물 주세요.'가 된다. 내 짧은 영어를 무례하지 않게 들리게 해 주는 참 유용한 단어다.

1일 투어에서 만난
호주 여행자와 찰칵!

번역 어플을 활용하다

좋은 세상이다. 영어뿐만 아니라 다양한 언어의 어플들이 존재한다. 정말 답답할 때는 어플을 이용하면 해결된다. 여행 영어를 따로 공부하고 싶다면 여러 가지 책들이 서점에 많이 나와 있다. 하지만 여행에 들고 가지는 말자. 이것도 짐 된다.

여행의 장벽 2위, 치안 불안 극복하기

엄마들이 여행을 주저하는 또 하나의 이유는 치안 문제다. 아이까지 데리고 간 여행에서 혹시라도 불미스러운 일이 일어나면 어쩌나 싶어 두렵기 때문이다. 대표적인 경우가 지갑이나 카메라, 핸드폰 등을 분실하거나 도난당하는 경우와 질병이나 상해를 입는 경우이다. 하지만 막연히 불안하다고 여행을 포기할 수는 없다. 그런 일이 일어나지 않도록 대비하고 정신을 똑바로 차리면 된다.

아이에게도 안전 문제나 도난·분실 방지에 대해 교육을 시키고, 자기 소지품은 스스로 챙기게 해야 한다. 엄마들이 모든 것을 하려고 하지 말고, 아이가 스스로 챙기도록 훈련을 시키자. 자기 짐은 자기가 책임지라는 식의 훈계보다는 "엄마가 여행을 하다 보면 미처 챙기지 못할 수도 있으니 엄마를 좀 도와줬으면 좋겠어." 하며 아이의 도움을 구하는 것이 좋겠다.

내 경우는 다행히도 여러 번 여행을 다니면서도 큰 문제를 겪지 않았다. 여러 가족이 몰려다니니 아무래도 나쁜 사람의 접근이 어려웠을 것 같고, 아이들과 함께 있으니 좀 봐주었는지도 모르겠다. 사실 안전한 여행을 위해 지켜야

ART Gallery
OPTICS
HSDC
ATM
SPA
SPA
GRACEFUL SAIGON

할 것들을 따져 보면, 대개는 한국에서도 조심해야 할 것이다. 물론 치안 수준
은 나라마다 다르지만 거기도 사람 사는 곳이다. 그러니 너무 겁먹지 말고, 괜
스레 떠도는 괴담에 신경 쓰지 않길 바란다.

또한 약간의 바가지는 눈감아 줄 수 있는 여유도 필요하다. 여행을 준비하며
다양한 사람들의 여행기를 읽다 보면 약간의 바가지에 뛸 듯이 분개하며 큰일
을 당한 것처럼 장황하게 쓴 글들을 보게 된다. 하지만 큰 금액도 아닌데 일일
이 마음에 담아 두면 여행이 힘들어진다. 관광지에서 작은 바가지는 으레 있을
수 있는 일이려니 하고 그냥 지나치는 편이 정신 건강에도 좋다.

여행지 안전 수칙

밤늦게 돌아다니지 말자

늦은 밤 어두운 곳을 돌아다니지 않는 것은 상식이다. 한국도 밤에는 위험하다. 잘 생각해 보면, 아이까지 데리고 늦은 밤 으슥한 곳에 꼭 가야 할 만한 일은 없다. 혹시 어른들끼리 맥주라도 마시고 싶다면 숙소 앞이나 방에서 해결하자. 여행자들, 특히 젊은 여행자들이 여행 중에 겪는 사고는 음주와 관련된 경우가 많다.

소지품을 잘 챙기자

여행 중에 분실물이 생기면 여러모로 마음이 힘들다. 여행 내내 필요한 물건이면 더 그렇다. 백팩은 뒤가 아닌 앞으로 메고, 벨트색 등을 이용하면 좋다. 시장과 같은 혼잡한 곳에서는 아이와 엄마 사이에 가방이 오도록 해서 다니길 바란다. 핸드폰이나 카메라를 아무데나 올려놓지 말고, 화장실에 가방을 두고 나오지 말자. 길거리에서는 돈 많은 지갑을 펼쳐 보이지 말자. 지갑은 가방 깊숙이 넣고, 쓸 돈만 따로 가지고 다니길 바란다.

여권과 귀중품은 특별히 간수하자

여권은 카피해서 사진과 함께 따로 보관한다. 그러면 혹시 여권을 분실했을 때 빠르게 재발급을 받을 수 있다. 베트남 호텔에서는 체크인할 때 여권을 받는다. 여권 달라고 한다고 놀라지 말고, 체크아웃 때 꼭 돌려받아서 챙긴다.

금고가 없는 호텔에 귀중품을 두고 나오지 말자. 어떤 여행자는 현금을 파스 봉투에 넣어 두었던 덕분에 도둑이 안 가져갔다고 한다. 그 이야기를 듣고 나도 가끔 현금을 숙소의 트렁크에 넣어 두고 나올 일이 있을 때 이용하기도 한다. 하지만 불안한 마음을 떨칠 수 없으니 몸 깊숙이 보관하길 바란다.

보석은 한국에 두고 가자

치렁치렁한 보석 종류는 한국에 두고 간다. 여행에서는 귀금속은 빼고 아주 심플하게 다니자. 장신구가 없어도 아름다운 여행 사진을 찍을 수 있다. 현지에서 기념으로 산 장신구들을 멋지게 하고 다니는 일도 즐거운 일이다.

여행자 거리에서 놀기

동남아의 대도시에는 자유 여행자 또는 배낭여행자에게 필요한 모든 것이 해결되는 곳이 있다. 패키지 여행자들은 절대 모르는 곳이다. 그곳은 세계 여행자들이 모이는 곳으로 '여행자 거리'라고 불린다. 가장 대표적인 여행자 거리는 태국 방콕의 카오산(Khaosan) 거리, 베트남 호치민의 데탐(De Tham) 거리, 하노이의 호안끼엠(Hoan Kiem) 호수 주변 등이 있다.

여행자 거리에는 저렴한 숙소가 즐비하고, 식당과 여행사가 넘쳐난다. 현지 투어도 여기서 예약하면 바로 다음 날 여행이 가능하다. 또한, 장거리 버스들의 출발지이며 도착지이기도 하다. 물론 우리나라처럼 도시마다 장거리 버스 터미널이 따로 있지만, 여행자 거리에서 출발하는 장거리 버스들도 많다. 이런 버스들은 주로 밤에 출발해서 새벽에 다른 도시의 여행자 거리에 도착한다. 이렇듯 여행자 거리에서는 숙소, 맛집, 교통, 여행 등 모든 것이 해결되기 때문에, 자유 여행자들에게는 천국 같은 곳이다.

여행자 거리에 젊은이들만 있는 것은 아니니 나이 많다고 너무 기죽을 것도

위로부터 하노이, 호치민, 방콕의 여행자 거리 풍경.
세계 각국의 배낭여행자들이 몰리는 명소이다.

하노이 여행자 거리의 아이들

없다. 긴 휴가를 즐기는 유럽의 중년층도 많고, 백발 가득한 노년의 서양인 부부가 손을 꼭 맞잡고 다니는 모습도 쉽게 볼 수 있다. 그런 모습을 보면, 나도 나이 들었을 때 그런 여행을 할 수 있으려나 하는 생각이 든다. 남편과 손 꼭 잡고 서로 챙겨 주며, 세계 여러 나라를 여유롭게 여행 다니고 싶은데 남편도 동의할지는 모르겠다.

아이와 함께 과일도 사 먹고, 레게 머리도 땋아 보고, 벌레 파는 아저씨의 무료 시식 권유에 질겁을 하기도 하며 여행자 거리의 주인공이 되어 보자. 국적도 다양하고 연령층도 다양하다. 그들은 어떤 여행을 하고 있는 것일까? 여행이 다 거기서 거기라고 생각할 수도 있겠지만, 이야기를 들어 보면 여행하고 있는 이유도 다양하고, 방법도 다양하고, 경험도 다양하다. 기회가 된다면 아이와 함께 여행자 거리의 한 모퉁이에서 다른 여행자의 이야기를 들어 보는 것도 재미있는 경험이 될 것이다.

혼자 배낭여행을 하며 방콕의 카오산 로드에 머물렀던 20대 초반의 어느 날을 돌이켜본다. 혼자였던 한국의 여대생은 온통 긴장으로 똘똘 뭉쳐 있었다. 큰 눈은 더 커져 있었고 신경은 한껏 곤두서 있었다. 그리고 때론 아주 외로웠다. 그 카오산에 20년이 훌쩍 넘어 아이와 함께 서 있는 나를 보니, 그때의 도전과 막막했던 20대의 방황, 여러 가지 복잡한 감정들이 되살아났다. 20년 전의 내가 보이는 것 같아 흥분되었다. 그때의 이야기를 아이와 나누며 그 길을 걷는다. 아이와 손잡고 걷는 그 길이 특별하고 감사했다. 내가 더 나이 들었을 때 손녀와 딸과 외할머니가 함께 그 길을 걸어도 좋을 것 같다.

현지 여행사를 이용하기

배낭여행자도 현지 여행사를 이용할 때가 있다. 일반적인 교통수단으로는 접근이 어렵거나, 여행사를 통하는 것이 더 편리하고 저렴하다면 여행사를 이용하는 것이 당연하다. 여행사에는 다양한 여행 상품이 있다. 주로 1일 투어, 또는 1박 2일 투어 상품이다. 공연 입장권, 크루즈 뷔페, 유명 호텔 뷔페, 기사 딸린 밴도 예약할 수 있다. 공연이나 동물원 등도 현장에서 직접 사는 것보다 입장료가 훨씬 저렴한 경우가 많다.

한국에서 미리 예약하려면 인터넷을 검색해서 현지의 한국인 여행사를 이용하면 되고, 현지에서 그때그때 결정하고 선택해야 하는 것은 현지의 일반 여행사를 이용하는 것이 조금 더 저렴하다. 태국의 방콕, 치앙마이에는 한국인 여행사도 많아 초보 엄마들도 편하게 이용할 수 있다.

현지 여행사를 이용하려면 현지인 직원과 소통해야 한다. 언어 때문에 걱정하지 말고 들어가서 내가 원하는 것의 금액을 물어보자. 여행사에서는 손님이 무엇을 원하는지 열심히 듣고 눈치껏 행동하니, 무엇을 원하는지만 간단히 이야기하면 된다. 금액이나 일정을 종이에 써 가며 대화하면, 발음 때문에 시간, 날짜, 금액 등의 숫자를 잘못 알아듣는 것을 방지할 수 있다.

시암니라밋 쇼, 사파리 월드,
호핑 투어는 모두 현지 여행
사를 통해 예약했다.

칸톡 쇼를 예약하면 식사를 하면서 공연도 보고
춤을 배워 볼 수 있다.

　일행이 많거나 아이가 포함된 경우에는 할인을 요청하자. 1일 투어는 여행
사를 여러 군데 돌아다녀 봐야 거기서 거기다. 하지만 1박 2일 투어는 숙소나
식사 등에 차이가 있으니 무조건 싼 것으로 하면 안 된다.

　"난 ○○ 때에 ○○○을 원해."

　"금액이 얼마야?"

　"우리 인원이 ○명이니 깎아 줘."

　이게 전부다. 절대 어렵지 않다. 돈을 내면 영수증과 바우처(지불한 금액과 내
용이 써 있는 종이)를 준다. 잘 보관하고, 혹시 잃어버릴지 모르니 핸드폰으로
사진 한 장 남기자. 몇 시에 어디에서 만날 것인가를 잘 확인하길 바란다. 머무
는 숙소를 알려 주면 그 숙소로 데리러 오기도 하니, 숙소 픽업이 가능한지도
꼭 물어보자. 동남아는 거의 숙소 픽업을 한다.

　현지 여행사의 투어는 밴이나 관광버스에 작은 여행사들이 모집한 여행객

들을 하나로 모아 큰 관광버스로 이동한다. 한국 사람은 거의 만나기 어렵지만, 그게 매력이다. 하루 종일 국적이 다양한 사람들과 여행할 수 있다. 여행을 온 이유들도 다양하고, 함께 온 구성원들도 다양하다.

우리는 아이들과 여행하다 보니 여행객들이 아이들을 많이 예뻐하고, 간식도 사 주기도 한다. 아이들도 처음에는 부끄러워하지만 떠듬떠듬 아는 영어 다 동원해서 대화하려 노력한다. 아이들은 한국에 돌아가면 더 열심히 영어 공부를 해야겠다는 동기가 하나 생기기도 한다.

인기 있는 1일 투어 중에는 꼭 여행사를 이용하지 않아도 되는 투어도 있다. 대중교통이나 택시를 이용해서 개인적으로 다녀도 된다. 여행 카페나 블로그를 둘러보다 보면 여행사 상품을 이용해야 할지, 개인적으로 다녀도 될지 감이 온다. 현지 여행사도 2~3군데 물어보고 예약하도록 한다. 한국인 여행사가 편하겠지만 금액은 조금 더 비싼 경우가 많다. 일행이 많다면 1인당 금액을 조금씩만 할인받아도 커진다. 또는 공항 픽업 서비스를 덤으로 받기도 한다.

한국은 12세 미만일 때 어린이 요금을 적용하지만, 외국에서는 경우에 따라서 11세, 12세, 13세로 기준이 달라진다. 나이 확인을 위해 여권을 보여 달라고 하는 곳은 없었지만, 여행사에 예약할 때 생년월일을 물어보기도 한다. 때로는 나이가 아니라 키 130cm를 기준으로 성인과 아이 요금을 구분하는 경우도 있다. 발육이 빠른 요즘 한국의 어린이 중에는 성인 요금 내야 하는 경우가 꽤 있을 것 같다.

현지 여행사를 통해 예약했던 여행 상품

사파리 월드 방콕

기후가 다른 만큼 한국의 동물원과는 다른 동물들을 자연스럽게 만날 수 있다. 규모가 크고 다양한 동물 쇼가 놀라웠다. 동물을 좋아하는 여행자나 아이를 동반한 여행자에게 강추한다. 중학생이 된 딸은 아직도 그 동물원을 이야기한다.

시암니라밋 쇼 방콕

외국인 관광객을 위한 쇼이지만, 거대한 규모와 화려함에 태국이란 나라를 다시 보게 한 멋진 공연이다. 흔한 게이 쇼를 보는 것보다 훨씬 좋다. 공연 시간보다 2시간 정도 미리 가자. 주변이 작은 민속촌처럼 조성되어 있어 태국 각 지역의 주거 양식을 살펴볼 수 있고, 곳곳에 체험할 수 있는 것들도 많다.

디너 크루즈 / 호텔 디너 뷔페 방콕

거리의 음식을 충분히 즐겼다면, 이번엔 분위기 있고 품위 있는 곳에서 즐겨 보자. 한국보다 훨씬 저렴한 가격에 호사를 누릴 수 있다. 디너 크루즈와 호텔 디너 뷔페 모두 여러 등급이 존재하니 고르려면 고민이 좀 필요하다.

칸톡 쇼 치앙마이

태국 북부의 전통적인 손님 상차림으로 식사를 하며, 전통 공연을 볼 수 있다. 가까이에서 공연을 보고 무용수와 함께 춤을 춰 볼 수 있다. 음식은 그냥 그렇다. 김이나 고추장이 있었으면 했던 곳이니까.

메콩 델타 1일 투어 호치민

라오스, 캄보디아를 거쳐 베트남에 이르는 거대한 메콩강을 여행한다. 나무 보트를 타고 작은 마을에서 가서 베트남식 점심을 먹고, 전통 공연도 보고, 코코넛 농장에도 방문한다. 가장 즐거운 체험은 쪽배를 타고 정글 탐험을 하는 것이다. 베트남을 느껴 보기에 좋은 투어다. 비용도 1인당 1만 원가량으로 저렴하다.

호아루 · 땀꼭 1일 투어 하노이

경치가 아름다워 '육지의 하롱베이'라 불리는 곳이다. 우리는 일행이 여러 명이라 재미있었지만, 너무 적은 인원이 가면 지루할 수도 있겠다.

하롱베이 1박 2일 투어 하노이

대한항공 광고로 더 유명한 하롱베이는 당일치기로 보면 절대 안 될 곳이다. 패키지 여행에서는 당일치기로 하롱베이를 다녀가는데, 그러기엔 너무 아쉬운 곳이다. 1박 2일은 투자해서 아름다운 풍광을 온몸으로 느껴야 하는 곳이다. 배 위에 누워 별이 쏟아지는 하늘을 보며 들었던 음악도 좋았던 곳이다.

호핑 투어 나짱

나짱은 '나트랑'이라고도 하며 최근 패키지로 주목받는 곳이다. 이곳은 호핑 투어가 유명하다. 우리가 참가한 투어는 1인당 10달러짜리로 저렴한 투어였지만 무척 즐거운 여행이 되었다. 가이드는 노련했고, 다국적의 여행객들이 어울려 배에서 즐거운 축제가 벌어졌었다. 바다에서 하는 와인 파티도 재미있었다. 물론 가격이 저렴한 만큼 음식이 만족스럽진 않았지만, 10달러짜리 여행인데 너무 큰 것을 바라면 안 된다. 원하면 따로 돈을 지불하고 스노클링과 스킨스쿠버를 이용할 수 있다. 전문가가 한 명씩 전담하여 함께 물에 들어가 준다. 이 또한 즐거운 경험이었다.

다양한 교통수단이 남긴 추억

 여행은 목적지에 도착한 후에 시작되는 것이 아니다. 목적지로 향하는 과정 자체도 여행의 일부다. 그 과정에서 어떤 식으로 이동하느냐, 어떤 교통수단을 선택하느냐에 따라 패키지여행과는 다른 차원의 여행으로 들어서게 된다. 보는 것이 달라지고 느끼는 것이 달라질 것이다. 아이들과 하는 여행에서는 목적지에만 초점을 두지 말자. 다양한 이동 과정이 여행의 멋진 이야기들을 만들어 낸다.

처음 아이와 여행을 시작할 무렵에는 장거리 이동이 너무 고민스러웠다. 한 도시에만 머물다 돌아오는 여행이 아니고, 도시에서 도시로, 때로는 나라에서 나라로 이동하는 코스가 포함되어 있었기 때문이다. 하고 싶은 것이 많은데 이동 시간에 너무 시간을 빼앗기는 것은 아닌지, 아이들이 힘들어하진 않을지 머리가 복잡했었다. 그냥 국내선 비행기로 이동해야 하는 게 아닐까 고심했다.

그러다 이 여행의 목표가 무엇인지 다시 생각해 보았다. 여행의 목표가 뚜렷하면 여행 중 내려야 할 많은 결정을 효과적으로 할 수 있다고 앞에서 언급한 바 있다.(2장에 소개된 '여행 목표 세우기' 참조) 이것은 특히 교통수단을 선택할 때 딱 맞아 떨어지는 말이다. 아이들과 여행하는 목표를 되새기니 뭘 선택해야

침대기차에서 썽태우까지 다양한 교통수단은 여행을 풍부하게 한다.

할지 분명해졌다.

"나는 무엇 때문에 여행을 하려는 거지? 아이들과 더 많은 세상을 경험하고자 했던 거라면 뭘 망설이는 거야? 아이들이 침대 기차나 나이트 버스를 언제 타 보겠어?"

나는 비행기로 쉽고 빠르게 이동하는 대신 장시간의 기차 여행이나 버스 여행을 선택했는데, 결과적으로 나의 판단은 옳았다. 장거리 이동은 목적지를 여행하는 것보다 더 다양하고 흥미로운 경험들을 우리에게 주곤 했다. 한국에서는 10시간씩 기차나 버스를 타고 이동해 본 적이 없기 때문에, 힘들고 지루하지 않을까 부담스러웠는데 그건 기우일 뿐이었다.

특히 너무 빠르지도 느리지도 않게 움직이는 기차 여행은 무척 낭만적이었다. 창밖에 대자연이 파노라마로 펼쳐지는 열대 지방의 풍광은 아름다움을 넘

야간열차와 장거리 버스는
비행기보다 느리지만
더 많은 추억을 남겨 준다.

어서 내가 정말 여행하고 있음을 강렬하게 마음에 새겨 주곤 했다. 창밖의 경치를 충분히 즐길 수 있고, 때로는 모여 앉아 재잘거릴 수도 있고, 때로는 자기만의 공간에서 각자 하고 싶은 일을 할 수도 있었다. 아이와 나는 지금도 종종 침대 기차와 나이트 버스 이야기를 신나게 하곤 한다. 그럴 때면 여행 당시로 돌아간 것처럼 아이의 얼굴에 활기가 생긴다.

기차와 버스 외에도 여행을 하다 보면 다양한 교통수단을 만나게 된다. 뚝뚝, 트라이시클, 지프니, 썽태우, 나이트 버스, 침대 기차, 배, 택시 등등. 그중에는 우리나라에 없는 독특한 교통수단도 있으니, 가능하면 골고루 타 보자. 그 자체가 재미있는 추억이 될 것이다.

다양한 교통수단 이야기

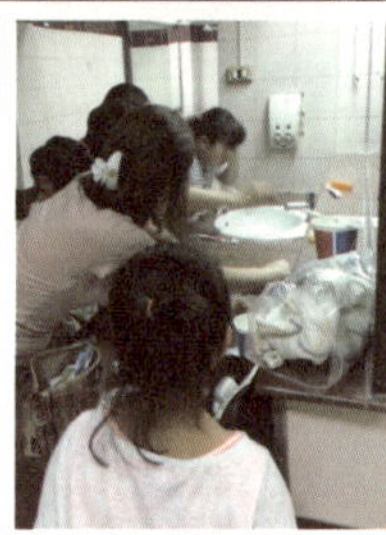

태국의 침대 기차

태국 기차는 에어컨 침대칸, 선풍기 침대칸, 등받이가 움직이는 좌석칸, 등받이가 90도 서 있는 좌석칸 등 다양하다. 칸마다의 다양한 특징이 신기해 조를 나눠 기차 투어를 하기도 했다. 에어컨 침대칸은 정말 춥고 온도 조절이 불가능하다. 가능한 한 많은 옷을 입게 하고 모자까지 씌우고 아이들을 재웠다. 참고로, 방콕의 후알람퐁 기차역은 샤워장을 유료로 이용할 수 있다. 시설이 좋지 않고 물도 시원스럽게 나오지 않지만, 기차에 오르기 전에 간단히 세수와 양치를 하고 편한 옷으로 갈아입을 수 있다.

베트남의 침대 기차

태국의 침대 기차와는 많이 다르다. 영화에서 보던 룸으로 된 기차였다. 2층으로 된 4인실, 3층으로 된 6인실도 있다. 6인실은 위아래 간격이 좁아서 아무래도 불편하다. 전기 콘센트도 있고 시트도 새것으로 준다. 한 번은 스탠드도 있고 물과 간식까지 제공되는 럭셔리한 기차를 탔다. 일부러 비싼 침대칸을 예약한 것이 아니라 원하는 요일과 시간만으로 예약했는데, 왜 예전에 탄 기차보다 럭셔리한지는 알 수 없었다. 침대 기차에 흥분한 아이들은 늦도록 잠을 자지 않았다. 베트남 기차도 너무 추우니 아이들 감기 걸리지 않도록 대비가 필요하다.

장거리 버스

남북으로 긴 나라들은 나이트 버스와 침대 기차가 잘 발달돼 있다. 우리나라야 서울에서 부산까지 버스로 5시간이면 간다. 그러나 베트남처럼 남북으로 긴 나라는 남쪽 대도시부터 북쪽 대도시까지 2박 3일 정도 걸려야 갈 수 있다. 이런 장거리 버스는 크기도 한국 버스보다 크고 화장실도 있다. 또한, 과속하지 않기 때문에 조금 답답함을 느끼기도 하지만 안전을 위해서는 고마운 일이다.

버스 예매 시에는 소아 할인을 받고 1층 좌석을 예매하자. 2층에서 아이가 떨어질까 봐 이동 내내 불안해하지 않도록 말이다. 버스 안에 화장실이 있는 경우에는 화장실이 있는 뒤쪽 좌석을 피하고 중간 위치로 잡는 게 좋다. 나이트 버스를 탈 때는 반드

시 긴 옷을 입고 탄다. 에어컨이 너무 추워 감기 걸리기 쉽기 때문이다. 버스 타기 전에 양치도 시키고 잘 준비를 한 다음 탄다. 버스 서비스로 담요와 물을 주는 버스가 대부분이다. 국경을 넘는 장거리 버스일 경우, 휴게소에서 밥을 주기도 한다.

일행이 많으면 낮에 이동할 때 아이들이 소란스러울 수 있다. 버스 안에서 조용히 놀 수 있도록 지도하는 것이 필수다. 실뜨기처럼 부피가 작고 조용히 놀 수 있는 놀이 도구를 준비하면 좋다.

방콕의 수상 버스

교통 체증이 심한 방콕에서는 적극 추천할 만한 교

통수단이다. 노선도 다양하고 요금도 저렴하고, 강가에 있는 왕궁과 사원을 볼 수 있어 더욱 좋다. 야경을 감상하기에도 아주 좋다. 이용 방법도 쉬우니 방콕에 가시면 꼭 이용해 보길 바란다. 단, 배에 타고 내릴 때는 주의가 필요하다.

택시

날씨가 너무 덥고, 교통 체증으로 길이 막혀 있고, 한참을 이동해야 한다면 뚝뚝이나 트라이시클 같은 교통수단을 이용하면 안 된다. 숨 막히게 더운데 도로의 매연도 다 마셔야 하는 상황이 벌어진다. 잠깐이면 모를까, 10분 이상 되는 거리는 택시를 이용하자.

방콕의 택시는 컬러가 화려하다. 오늘은 어떤 색 택시를 탈지 고르는 재미도 있다. 우선 택시 운전사에게 미터기로 가자고 이야기한다. 흥정하면 바가지를 쓰기 쉽다. 미터기로 가겠다고 하면 우리가 갈 곳을 설명해야 한다. 지도를 보여 주든지 주소를 보여 주면 된다. 대부분의 동남아 국가는 도로명 주소를 사용하는데, 도로명 주소 체계는 매우 편리해서 처음 가 보는 여행자나 운전 기사도 길을 쉽게 찾을 수 있다.

여행할 나라가 정해지고 정보 수집을 하다 보면 어떤 회사 택시를 이용해야지 바가지 안 쓰고 마음고

생 덜 할지 정보가 많다. 베트남의 경우 이름 있는 브랜드 택시를 타야 하며 이름 없는 불법 영업 택시를 타지 않도록 주의가 필요하다. 심지어 공항에서 숙소가 있는 도심까지 택시 요금이 어느 정도 나온다는 식의 자세한 정보도 많으니 참고하면 되겠다.

태국의 썽태우(songthaew)

방콕에도 가끔 있지만 주로 태국 북부 지방의 교통수단이다. 우선 지나가는 썽태우를 향해 손을 들어 세운다. 행선지를 말하면 운전사가 "타라." 아니면 "안 간다." 하고 대답해 준다. 돈은 내릴 때 운전사에게 주면 된다. 외국인들과 함께 타면 인사도 하고, 어느 나라에서 왔는지 서로 물어보며 대화를 나눠 보자. 차량 구조상 승객끼리 마주 보고 앉기 때문에 대화를 나눌 수밖에 없다.

태국의 뚝뚝(tuk tuk)

오토바이에 탄 운전사가 앞쪽에 위치하고, 승객이 앉는 차량이 오토바이 뒤쪽에 부착된 구조다. 뚝뚝을 이용할 때는 기사와 충분히 요금을 흥정한 후에 타야 한다. 바가지도 많다. 매연이 심한 방콕에서는 아주 가까운 곳에 이동할 때 아이들과 기념 삼아 타보는 수준으로만 이용하자. 10분 이상 거리라면 택시를 타야 한다.

필리핀의 트라이시클(tricycle)

이름에서 알 수 있듯이 바퀴가 3개다. 뚝뚝과 달리 오토바이 옆에 좌석을 달아서 만든 운송 수단이다. 지역마다 트라이시클 요금이 정해져 있다. 마을 사람들에게 요금이 얼마냐고 물어보고 타면 도움이 된다. 태국의 뚝뚝과 비슷하지만 또 다른 느낌이다. 운전자 뒤쪽에도 2명은 탈 수 있어서 승객 5명까지는 거뜬하다.

아이들이 너무 좋아한다. 언덕을 넘어갈 때는 놀이기구를 타는 기분이라서 비명 소리가 절로 나온다. 척추가 안 좋은 노인이나 엄마들은 절대 타면 안 된다. 타국에서 척추 압박 골절을 당할 수 있다. 진짜로 바퀴의 진동이 그대로 몸으로 전달된다.

Vela Thailand
TAXI-METER
15745
ทH 907
กรุงเทพมหานคร
CHAMPION
นข 7014
Export
Chang
SHOCKER
จันทรา

현지인의 삶을 들여다보기

여행을 하다 보면 우연히 그 나라 사람들의 삶에서 특별한 한때를 엿볼 수 있는 기회가 찾아온다. 결혼식, 장례식, 돌잔치와 같은 관혼상제, 그리고 그들만의 종교 의식이 그런 경우다. 대개는 뜻하지 않은 순간에 갑자기 마주치게 되는데, 그럴 땐 무심코 지나쳐 버리지 말고 꼭 아이들과 함께 관찰해 보자.

그동안 여행을 하며 두 번의 결혼식을 보게 되었다. 다른 나라의 결혼식은 어떤 모습일지 평소에도 관심이 있었는데, 베트남 나짱에 있을 때 마침 우리가 묵는 숙소에서 결혼식이 열렸다. 현대에는 모든 나라의 결혼식 풍경이 비슷해지고 있다. 웨딩드레스를 입고 서구화된 결혼식장에서 치르는 예식이다. 전통 결혼식이 아니라서 아쉬웠지만 그래도 우리나라와 분명한 차이는 있었다. 입구에서 신랑 신부가 함께 손님을 맞이하고, 식장 안에서는 공연이 한창이었다. 무용단이 춤을 추기도 하고, 가수가 노래를 부르기도 했다. 아이들은 신부의

베트남의 호텔에서 열린 결혼식. 신랑 신부가 입장하고 있다.

베트남에서는 신랑 신부가 함께 입구에서 하객들을 맞이한다. 더운 나라라서 그런지 결혼식이 밤에 열렸다.

필리핀 바탕가스의 시골 성당. 필리핀 사람들의 신앙심이 작은 성당에서도 느껴진다.

화장과 드레스도 꼼꼼하게 봤다. 약간 어색한 것이 우리나라 90년대 느낌이 살짝 풍겼다. 이동하느라 피곤했을 아이들은 신이 났다.

두 번째 결혼식은 필리핀에서 보게 되었다. 유네스코 세계 문화유산으로 지정된, 400년 넘은 마닐라 성 어거스틴 대성당이었다. 모든 것이 화려했다. 끝에 서 있는 신부의 뒷모습도, 영화제에 참석한 것 같은 하객들의 드레스도. 필리핀의 빈부 격차를 이 결혼식에서 실감했다. 큰 성당답게 신랑 신부는 너무도 멀리 있었다. 잘 살기를 바라는 마음보다 '이들은 행복할까?' 하는 생각이 잠시 들었었다. 부러워서 그랬을까?

두 번의 결혼식 외에도 그들의 삶과 문화를 엿볼 기회는 많았다. 태국 방콕의 카오산 로드에서는 아침 일찍 길 한가운데에서 의자 위에 제상을 차리고 기도하는 할머니를 만났다. 사람들이 오가는 길 한복판에서 기도하시는 이유가 있을까 생각했다. 여러 개의 향을 손에 들고 기도하는 모습이 한국의 불교와는 달랐다. 같은 종교라도 나라에 따라 의식의 방법은 달라지는 듯하다.

카오산 로드에서 기도하는 할머니와
하노이에서 종이 돈 태우는 여인

베트남 하노이에서는 길 한복판에서 무언가 프린트된 종이를 한 장씩 태우는 여인을 만나기도 했다. 망자에게 주는 돈이라고 했다.

필리핀에서는 장례식을 볼 기회도 있었다. 가톨릭 국가답게 결혼식과 장례식이 성당에서 이뤄졌다. 돌아가신 분의 사진과 프로필이 차 위에 붙어 있었다. 차는 마을을 천천히 행진했고, 마을 사람들과 가족들은 하얀 풍선을 차에 달고 함께 행진했다.

다른 나라의 문화를 체험하는 것은 늘 즐거운 일이며 많은 생각을 하게 한다. 우리와는 어떻게 다른지 확연하게 차이를 느낄 수 있으며, 왜 그럴까 하는 생각을 하다 보면 그들을 한층 이해하는 기회가 된다. 그런 기회가 올 때는 놓치지 말자. 엄마도 아이도 신나는 일이 된다. 단, 우리의 호기심이 그들에게 방해가 되어서는 안 되겠다. 아이들에게도 방해되지 않도록 조용히 구경하자고 당부해 둔다.

따로 또 같이 여행하기

여러 가족이 함께하는 여행이라고 항상 붙어 다니라는 법은 없다. 함께하는 여행 속에서도 아이와 둘만의 여행을 만들 필요가 있다. 때로는 다른 엄마나 아이들과 잠시 떨어져서 내 아이하고만 시간을 만들자. 둘만의 추억을 만드는 것이다.

가족별로 지도를 한 장씩 나눠 갖는다. 지도에 숙소 또는 현재 위치를 표시하고, 만날 위치와 시간을 정하자. 숙소에서 지역의 지도는 쉽게 구할 수 있다. 어디에 무엇이 있는지, 무엇을 하면 좋을지 정보를 공유한다. 그리고 아이와 무엇을 하면 좋을지 의견을 나눠 보자.

우리가 여행에서 처음 헤어진 날, 엄마들의 표정에는 근심이 가득했었다. 다들 그냥 같이 다니면 안 되냐고 했지만, 결국 리더인 내 의견을 따라 주셨다. 길 잃을 염려가 없는 단순한 농네였고 각자 아이와 무슨 이야기들을 나눠 보면 좋을지도 힌트를 조금 드렸지만, 여전히 불안해하는 엄마들과 헤어졌다. 둘만의 여행을 앞두고 아이들의 진지한 모습에 웃음이 나왔다.

이제 엄마와 아이는 동지가 되었다. 세상에서 둘만 의지해야 한다. 여행은 낯선 도시에서 아이와 엄마를 완벽한 한편으로 만든다. 솔직히 한국에서는 아

각자 떨어져서 여행하는 날,
헤어지기 전에 머리를 맞대고 정보를 교환했다.

이와의 삶이 갈등의 연속이라 내가 늘 아이와 한편이라 말하기 힘들다. 엄마는 한편이 되고 싶은데 아이가 멀리 가 버리기도 하고, 아이는 엄마와 한편이 되고 싶은데 자꾸 혼나는 대상이 되곤 하니, 엄마와 아이가 감정적으로 한편이 되기가 어렵다. 그래서 그런지 여행을 통해 아이와 한편이 된 기분은 참 좋았다.

이 시간이 아이와 함께 여행하게 되어서 너무나 기쁜 엄마의 마음을 아이에게 표현할 수 있는 시간이 되었으면 했다. 평소에 하지 못했던 마음을 이야기하는 시간이 되었으면 했다. 서로가 무엇을 보고 느끼는지 궁금해하며 신나게 맞장구치는 시간이 되었으면 했다.

이윽고 다시 일행이 모였을 때 우리 모두의 표정에는 헤어질 때의 걱정스러움이 사라지고 자신감이 가득했다. 그 몇 시간 동안 엄마와 아이들은 멋진 추억들을 많이 만들고 돌아왔다. 서로의 모험담을 이야기하고 듣느라 소란스러울 정도로 여행에 한발 깊숙이 들어가고 있었다.

도시 투어도 좋고, 방콕의 짜뚜짝이나 치앙마이의 선데이마켓처럼 규모가 큰 시장에서 적용해도 좋은 방법이다. 좁은 시장에서 함께 몰려다니는 것은 불편할 뿐더러 비효율적이다. 각자 시장에서 건진 독특한 물건들의 이야기를 나누며 즐거운 시간을 만들어 보자.

근사한 곳에서 데이트를 즐기거나 분위기 좋은 곳에서 차 한잔하는 것도 멋진 추억을 만들 수 있다. 몇 년 전에 방콕의 반얀트리 호텔 61층에 있는 문 바(Moon Bar)에 갔었다. 한국의 호텔 음료 가격과 별반 차이가 없는 비싼 곳이었지만, 차 한잔 마시며 방콕의 멋진 야경도 즐길 수 있는 멋진 곳이라 선택했다. 아이들을 데리고 가도 되는지를 알고 싶어 아주 힘들게 정보를 찾았는데, 다행히 칵테일 파는 곳이지만 주스와 탄산음료도 있었다. 방콕은 사방이

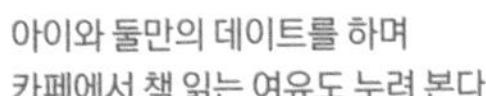

아이와 둘만의 데이트를 하며
카페에서 책 읽는 여유도 누려 본다.

방콕의 전망 좋은 루프톱
바에서 야경 즐기기

평지라 어디를 봐도 막힘이 없어서 전망도 기가 막혔다. 야경을 감상하기에는
딱이었다.

이런 곳에 갈 때는 가지고 있는 옷 중에서 가장 분위기 있는 옷을 입고 가는
게 좋다. 짧은 반바지는 출입이 안 되고 입구에서 긴 치마를 두르도록 빌려 준
다. 여행의 막바지나 중간쯤에 일정을 잡으면 좋다. 분위기도 있고 음악도 멋
지다. 다른 가족과 함께 갔어도 테이블을 따로 잡고 앉자. 서로 모른 척하고,
아이와 둘만의 분위기 있는 시간을 만들자. 여행에 대한 이야기도 좋고, 한국
에 혼자 계실 아빠 이야기도 좋고, 평소에 하지 못했던 이야기도 좋다. 절대 훈
계의 시간이 아닌 추억의 시간을 만들자.

엄마에게도 힘이 되는 여행

아이를 위한 여행을 한다고 하지만, 솔직히 그것이 나를 위한 여행이기도 하지 않았다면 그동안의 여행은 없었을 것이다. 지금까지 책을 읽으며 '아이를 위한 여행은 너무 힘들겠는걸.' 하고 생각하시는 분이 혹시라도 계실까 봐 걱정이 된다. 당연한 이야기지만, 아이가 중요한 만큼 엄마인 나도 중요하다.

여행지의 아름다운 자연을 즐기는 것은 엄마에게도 힐링이 된다. 여행에서의 새로운 도전은 엄마에게도 신선한 경험이자 활력이 된다. 여행 중에 아이의 새로운 모습을 발견해 낼 때 엄마는 파워 가득한 아이템을 획득하는 기분이 든다. 아이를 위한 여행은, 동시에 엄마를 위한 여행이어야 한다.

엄마를 위한 여행에 큰 힘이 되는 것은, 함께 여행하는 다른 엄마들이었다. 엄마들끼리는 손발이 척척 맞았다. 다들 부지런하고, 내가 부족한 것은 다른 엄마가 챙겨 주며 여행을 윤기 나게 했다. 모든 엄마들은 동지였다. 어쩌면 회사에서 일하는 것보다 더 힘든, 세상에서 가장 힘들고 대단한 일을 하고 있는 엄마들이기에 그런가 보다.

여행을 떠나고 보니 한국에서 알던 그녀가 아닌, 숨겨져 있던 엄마들의 모습을 있는 그대로 만나곤 했다. 한두 번이 아니었다. 그녀 뒤에 숨겨져 있던 열정

엄마들끼리는 손발이 척척 맞는다. 여행 중에 서로가 힘이 된다.

과 생동감은 내가 몰랐던 그녀의 모습이었다. 어디에 그리 반짝이는 눈빛이 숨겨져 있었던가! 어쩌면 그리 시원하고 맑은 웃음이 숨어 있었던가! 감탄사 속에 드러나는 화사한 표정은 내가 알고 있던 누구 엄마가 아니었다. 놀랍기도 하고 안도감도 들었다. '누구 엄마'가 아닌 그녀를 만나게 되니, 함께 떠나오길 정말 잘했구나 싶었다. 열흘이 넘는 여행 기간은 서로의 고민을 알기에 충분한 시간이었다. 서로가 무엇을 힘들어하는지, 어떤 고민에 싸여 있는지, 밤마다 잠을 줄여 가며 엄마들과 영양가 있는 대화들을 많이 했다.

오랜 시간 여유 있게 식사하는, 분위기 있는 식당에 들렀을 때 가끔은 엄마끼리, 아이끼리 따로 앉아 보자. 아이들도 여행에 대해 이야기할 것들이 많아지며 자기들끼리 모여 밥 먹는 것을 즐거워한다. 밤에 아이들이 자고 있다고 밖으로 맥주 한잔하러 나가는 것은 추천하지 않는다. 음료수가 되었건, 맥주가 되었건 여행하며 느낀 점들을 안주 삼아 숙소에서 대화를 나눠 보자.

내가 보는 시각과 다른 엄마가 보는 시각이 다르므로 혼자 낑낑거리는 문제의 해결책을 찾을 수도 있다. 때로는 옆 사람들은 다 아는데 본인만 제대로 보지 못하는 문제도 있다. 함께 문제를 객관화시키고 멀리 함께 바라보면 해결되는 일들도 많고, 위로를 받기도 하며, 새로운 힘이 생기기도 한다. 물론 조심스러운 부분은 늘 있다. 대화에는 공감과 배려가 필요함을 잊지 말자. 이것 역시 여행이기에 가능한 일이다.

CHAPTER 6

아이의 여행이 즐거워진다

함께 해 보면 좋은 여행 미션

"Hi!" 하고 인사하기

여행 횟수가 많아질수록 아이와 해 보면 좋은 것들이 하나둘 늘어났다. 유명한 관광지를 구경하는 것보다 아이에게 더 중요한 것은, 그 나라 사람들과 더 많이 교감하고 그 나라를 더 깊이 느껴 보는 데 있다고 생각한다. 아이 스스로 여행을 즐기고 느낄 수 있도록 소소한 미션을 주자. 어른이 이끄는 대로 눈도장만 찍다 오는 여행이 아니라, 다양한 이야기를 만들고 성장하는 여행으로 남을 것이다.

우리의 첫 번째 여행 미션은 바로 인사하기였다. 한국에서는 낯선 사람과 인사하지 않는다. 길에서 모르는 사람에게 "안녕하세요!" 하고 인사한다면, 아마도 이상한 사람인가 싶어서 쳐다볼 것이다. 하지만 해외로 나가 보면 길에서, 숙소의 복도에서, 엘리베이터 안에서, 비행기 옆자리에서 눈만 마주쳐도 인사하는 사람들을 종종 만날 수 있다.

나도 한국에서는 모르는 사람에게 인사하지 않지만, 여행할 때는 인사 잘하는 멋진 사람이 된다. 아주 여유롭고 우아하게 미소 지으며 "Hi!" 하고 인사를 건넨다. 인사를 할수록 내가 참 괜찮은 사람이 된 기분이 든다. 그건 아주 유쾌한 기분이다.

아이들이 밝게 웃으며 인사하니 사람들과도 쉽게 친해졌다.

아이에게도 누군가 인사하면 모른 척하지 말고, 자연스럽게 "Hi!" 하면서 웃어 주라고 미션을 주었다. 괜히 말 시킬까 봐 겁먹지 말라고 용기를 주었다. 모르는 사람에게도 인사하는 게 일상인 외국 문화에 대해 이야기 나누고, 많은 사람들과 인사해 볼 수 있도록 유도했다. 엄마 먼저 솔선수범해서 인사하는 모습을 보여 주기도 했다.

쑥스러움 많은 아이들의 특성상 처음엔 어려워하지만 차츰 잘하게 되고, 나중에는 은근히 재미있어했다. 낯선 사람과 인사를 나누고는 쪼르르 달려와 시험 100점이라도 맞은 듯 들뜬 얼굴로 자랑을 하곤 했다.

'후후, 그 기분 엄마도 알아. 인사 잘하면 여행하다가도 떡이 생긴단다.'

우리 아이들이 인사하는 재미에 빠지게 해 주자.

모르는 것은 현지인에게 물어보기

“엄마, 화장실 가고 싶어.”

“화장실 어디 있는지, 누가 저 언니한테 물어볼래?”

이렇게 유도를 해 본다. 처음엔 서로 눈치를 보지만 나중에는 서로 먼저 물어보려고 신경전이 벌어진다. 어느새 궁금한 일이 생기면 엄마가 아니라 현지인에게 물어보고 해결하는 아이들을 만나게 된다.

한번은 방콕에서 있었던 일이다. 택시를 타고 호텔로 돌아가고 있었다. “엄마, 우리 방 번호를 영어로 어떻게 말해?” 어린 꼬마들은 세 자리 숫자를 말하기 어려워했다. “투 제로 원. 각각의 숫자로 말하면 돼.” 아이는 혼잣말로 연습을 했다. 택시가 멈추자 7세와 8세의 두 꼬마가 호텔로 달리기를 시작했다. 왜 저러나 했더니만, 이유인즉 호텔 프런트에 방 번호를 먼저 말하고 방 열쇠를 받고 싶어서였다. 그날 한 녀석은 대성통곡을 하며 로비에서 울었다. 자기가 먼저 도착했는데 나중에 도착한 아이가 방 번호를 먼저 말한 것이다. 열쇠는 방 번호를 말한 아이에게 전해졌다. 이 일로 직원들과 아이들은 더 친해지고 선물을 주고받는 사이가 되었다.

아이가 모르는 것, 궁금한 것, 원하는 것은 망설이지 말고 현지인에게 직접

필리핀의 어느 마을에서 맛집을 물어보니 세 분이 모여 상의까지 하며 소개해 주셨다.

물어보도록 유도하자. 엄마가 다 알아내서 알려 주지 말고 아이가 질문할 여지를 남겨 두자. 언어 때문에 힘들어할 때는 엄마가 약간만 도와주자.

참고로, 이건 엄마도 함께 해야 할 미션이다. 요즘은 구글어스 같은 훌륭한 지도 어플이 있지만, 그래도 여전히 나는 길을 물어본다. 때로는 맛집도 물어보고, 가이드북에 안 나오는 맛집을 소개받기도 한다. 현지인들과 내가 대화하고 있을 때 아이들은 어떤 모습인지, 어떤 표정인지 잘 몰랐었다. 오직 상대방에게 집중하고 있었기 때문이다. 나중에 사진을 보면서, 그때 아이들도 함께 집중하고, 그들의 이야기를 듣고, 그들의 표정을 느끼며 함께 소통하고 있었다는 걸 알게 되었다.

아이들은 부모의 모든 것을 관찰하며 성장한다. 여행은 몸으로 보여 주는 교육이다. 엄마와 아이가 함께 현지 사람들과 대화 나누는 미션을 해 보자. 때로는 짧은 영어 실력에 민망하겠지만, 당당하게 현지 사람들과 소통해 보자.

마음을 담은 선물

여행을 하다 보면 친절과 배려로 우리에게 감동을 주거나, 잠시나마 함께 여행하는 동반자가 되는 사람들을 만난다. 그럴 때 작은 선물을 건네 보자. 어느 나라 사람이든 선물 받고 좋아하지 않을 사람이 있을까? 받는 사람도 좋지만 주는 사람도 행복해지는 것이 바로 선물이다. 감사한 이에게 선물하는 기쁨을 느껴 보자.

그러려면 여행을 떠나기 전에 한국에서 미리 선물을 준비해야 한다. 여행 중 도움을 준 사람들에게 감사한 마음을 전하려면 어떤 선물을 준비하는 것이 좋을지 아이와 이야기를 나눈다. 아이에게도 생각할 시간을 주자. 어쩌면 엄마가 생각지 못한 좋은 아이디어를 낼 수도 있다. 기왕이면 부피가 작은 것, 한국적인 것을 고르는 것이 좋겠다는 조언을 해 줘도 좋겠다.

우리는 주로 한국 전통 문양의 열쇠고리, 핸드폰고리, 작은 부채 등을 준비한다. 부피도 작고 한국에 대해 대화하기에도 좋은 소재다. 1개당 천 원이 넘지 않는 범위에서 준비한다. 10개 정도면 여행하는 동안 유용하게 쓸 수 있다. 이렇게 준비한 선물은 숙소에 있는 트렁크 깊숙이 넣어 두지 말고, 늘 휴대하는 가방에 몇 개 가지고 다니다가 선물하고 싶은 사람이 나타나면 바로 꺼낼

한복 차림의 인형이 달린 핸드폰고리

수 있도록 해야 한다. 깜빡하고 숙소에 두고 나와 아쉬웠던 적이 참 많았다.

선물을 줄 때는 아이가 주도록 한다. 선물 받은 사람은 이것이 무엇인지 당연히 물어본다. 짧은 영어지만 아이가 그것을 설명하려고 애쓴다. 멀찌감치 떨어져 지켜보자. 아이의 나이에 따라 다르지만 떠듬떠듬 나름의 방법으로 소통의 길을 찾아간다. '어디어디에 쓰는 물건이다', '이건 한국의 국기이고 이름은 태극기다', '인형이 입은 옷은 왕비가 입던 전통 의상이다' 등등.

아이가 설명을 제대로 못했다고 너무 아쉬워하면 안 된다. 아이 나름대로 자극을 받고 노력하게 된다. 어느새 어깨가 으쓱해지고 얼굴이 홍조로 가득해진 모습을 만나게 될 것이다. 외교관이 따로 있겠는가. 한국에 대해 좋은 인상을 갖게 하는 것으로 훌륭한 외교관 역할을 해낸 것이다.

즐거운 수학 놀이, 환전

방콕 길거리 환전소

환전소를 찾아 직접 환전해 보는 것도 아이에게는 멋진 도전이 된다. 아이가 용돈을 아끼고 집안일을 도우며 마련했던 여행 경비를 한국에서 달러로 환전해 온 다음, 현지에서 직접 달러를 현지 화폐로 환전해 보게 한다.

환전은 은행, 환전소, 호텔에서 할 수 있다. 함께 환전소를 찾아 아이들 한 명, 한 명이 자기 돈은 자기가 알아서 환전할 수 있도록 한다. 이 또한 스스로 해 냈다는 기쁨과 성취감을 주는 경험이 된다. 환전을 통해 현지 화폐의 단위도 알 수 있고, 한국 화폐와 비교하여 화폐 가치를 판단해 볼 수도 있다.

여기서는 학교에서 배운 수학 실력을 유감없이 발휘할 기회도 갖게 된다. 아이들은 평소 이렇게 덧셈, 뺄셈, 곱셈을 생활에서 많이 사용해 본 적이 없을 것이다. 천 원을 기준으로 잡는다. 천 원은 현지 화폐로 얼마인지를 확인하고 환율 계산하는 연습을 해 본 뒤 실전으로 들어가 보자. 상점이나 시장의 가격표를 보며 물건값이 원화로 얼마인지 환산해 보는 것이다. 비싼 건지, 싼 건지 곰곰이 따져 보느라 아이들은 눈동자를 굴리며 표정들이 하나같이 심각하다. 그 모습이 얼마나 귀여운지 모른다. 한국의 물건값과 비교까지 마치고, 대단한 것이라도 알아낸 듯 엄마에게 설명해 준다.

이제 물꼬를 텄으니 머릿속으로 돈을 환산해 보는 활동은 여행 내내 계속된다. 여행 중에 만나는 밥값, 교통비, 과일값 등 모든 가격을 머릿속에서 기본 연산을 이용하여 환산해 본다. 나중에는 그 나라의 물가가 우리나라와 비교해 어떠한지까지 아이들이 결론을 내리는 경지에 도달했다.

환전한 화폐를 펼쳐 놓고 우리나라의 화폐와 어떤 점이 다른지 살펴보자. 종이의 질, 등장인물, 배경 그림, 위조 방지를 위한 방법이 어떤지 찾아보는 것도 재미있는 놀이가 된다.

베트남 화폐에는 모두 호치민의 얼굴이 들어 있다. '호 아저씨'라 불리는 국민적 영웅이다. 호치민은 어떤 인물일까? 베트남에 대한 역사와 더불어 다양한 이야기가 이어질 것이다.

환전을 통한 수학·사회 공부

환전을 하면서 환율은 무엇인지, 어떻게 계산하는지 간단히 설명해 주자. 아이가 개념을 이해하는 데 도움이 될 것이다.

사회 공부 – 환율의 개념

아이가 초등 고학년 이상이라면 환율의 개념을 간단히 설명해 준다. 환율이란 것은 수시로 변한다. 아주 간단히 말하자면 외환의 수요가 증가하면 환율이 상승하고, 외환의 공급이 증가하면 환율이 하락하게 된다. 예를 들어 수출을 많이 해서 외환이 국내에 많이 넘쳐나면 환율은 하락하는 것이다. 환율을 투자 수익률로도 말할 수 있겠지만 아이에게는 너무 어렵다. 쉽게 수출과 관련지어 말해 주면 어느 정도 알아듣는다.

아래 표를 가지고 설명해 보자. 어떤 상품 가격이 $5에서 $2.5로 줄었다면 수출하는 데 도움이 될 것이다. 여행과 환율에 대해서도 이야기해 보자. 여행을 위해 환전을 하려 한다. 환율이 낮을 때 해야 할까? 아니면 환율이 높을 때 해야 할까? 당연히 환율이 낮을 때 해야 같은 돈을 더 많은 달러로 바꿀 수 있다. 간단히 이 두 가지 이야기 정도만 나눠 보아도 좋겠다.

환율 인하	환율 인상
$1=1,000원	$1=2,000원
$5=5,000원	$2.5=5,000원
수입 증가	수입 감소
수출 감소	수출 증가

수학 공부 – 환율 계산

이제 물건을 사려 한다. 곱셈과 덧셈이 필요한 순간이다. 초등학교 저학년만 되어도 곱셈과 나눗셈까지 배우니 어렵지 않다. 예를 들어, 태국의 바트(THB)는 100바트가 3,500원 정도이니, 물건값에 35를 곱하면 한국 돈으로 얼마인지 알 수 있다. 베트남의 동(VND)은 돈의 단위가 커서 어른도 헷갈린다. 1동(VND)이 0.05원이라, 1000동이 50원, 100,000동이 5,000원 정도 된다. 물건 값에서 0을 하나 빼고 1/2로 나누면 한국 돈으로 환산된다. 물건을 사려면 항상 한국 돈으로 환산을 해 봐야만 이것이 싼 것인지 비싼 것인지 감이 온다. 연산을 싫어하는 아이들도 여행 내내 원화로 환산을 해 보더니, 나중에는 얼마나 잘하는지 모른다. 환율 계산은 재미있는 수학 놀이다.

기념품 쇼핑하기

아이가 직접 모아서 환전한 여행 경비로 특별히 쇼핑할 기회를 만들어 보자. 주말 시장이나 야시장 등에서는 아이가 좋아할 만한 물건들을 만날 기회가 생긴다. 평소라면 아마도 사고 싶은 것이 많아 이것 사 달라, 저것 사 달라 정신없을 테지만, 환전한 금액 안에서 일정 금액을 정해 주고 쇼핑하게 하면 아이의 태도가 그렇게 신중할 수가 없다. 그 돈이 어떤 돈인가. 한국에서 한 푼 두 푼 스스로 모은 돈이다. 정말 필요한지 한 번 더 생각하게 되고, 이 가게와 저 가게의 가격까지 비교해 보는 아이가 된다.

기왕이면 한국에 있는 사랑하는 사람들을 위해 기념 선물을 사자고 제안해 본다. 누구에게 선물을 하고 싶은지 이야기를 나누되, 모든 결정은 아이가 하도록 한다. 선물에 대해서 아이와 이야기를 나누다 보면 서생님과 친구들에 대한 아이의 생각을 읽을 수 있다. 그것 또한 내 아이를 한 발 더 알아가는 길이다. 담임 선생님께는 선물을 드릴 수 없으니 예쁜 카드나 엽서를 사서 글을 써 보라고 하는 것도 좋겠다.

누구에게 얼마의 비용으로 어떤 선물을 살 것인가? 아이에게는 물건 사는

마음에 드는 기념품을 신중하게 고르는 아이들

일이 결코 쉬운 일이 아니다. 혹시라도 평소에 엄마가 모든 것을 다 해 줬던 아이라면 물건을 고르고 결정하는 데 더 힘들어할 것이다. 별일 아닌 것 같지만 여러 가지 판단이 필요한 복합적인 미션이니 재촉은 금물이다. 천천히 아이를 지켜보자.

쇼핑을 할 때도 스스로 결정하고 행동으로 옮길 수 있도록 기회를 주자. 엄마는 바로 옆에 있지 말고 앞 가게나 옆 가게에서 '안 보는 척 지켜보기' 내공을 발휘해 본다. "와, 멋진 걸 샀네. 누구에게 줄 선물이야?" 아이가 무엇을 샀든지 절대 태클 걸지 말고 격려해 준다. 고른 물건에는 이유가 있으니 인정해 주자. 집이나 차를 산 것도 아니고 작은 기념품을 샀을 뿐이니, 엄마 마음에 안 들어도 칭찬으로 넘어가자.

쇼핑이 끝나고 아이들이 한자리에 모이면 어찌나 왁자지껄한지 모른다. 시장에서 선물 몇 개 샀을 뿐인데, 서로 고른 물건에 감탄하기도 하고, 원래는 얼마인데 얼마로 깎아서 샀다는 식의 무용담이 어마어마하다. 한 아이가 고른 물건이 너무 예쁘다며, 다 같이 그 가게를 찾아 나서기도 한다.

다른 사람을 위한 선물과 함께, 엄마와 아이 자신을 위한 기념품도 골라 보게 한다. 우리의 여행을 특별히 기념할 만한 것이면 무엇이든 좋겠다. 나중에 한국에서 사용할 때마다 여행의 추억을 떠오르는 그런 물건 말이다. 우리 집에는 태국에서 사 온 빗자루가 벽에 걸려 있다. 손잡이가 길어서 서서 바닥을 쓸 수 있어 편하다. 예쁜 접시도 함께 사 왔다. 그 접시에 음식을 담아 먹을 때마다 우리는 여행 이야기를 하곤 한다.

비싼 물건이 아니어도 좋다. 여행에서 사 온 소소한 기념품은 일상 속에서 여행을 추억하게 하고, 아이와 공통된 화제로 웃을 수 있도록 해 준다.

아이들이 산 기념품

멋진 기념품을 쇼핑할 수 있는 시장

동남아의 관광지에는 규모가 큰 시장이 꼭 있다. 일반적인 생활용품부터 전통 수공예품까지 없는 게 없어서 기념품을 쇼핑하기에는 그만이다. 큰 시장에는 노천카페도 많으니 쉬엄쉬엄 쇼핑하자. 생과일 주스로 아이의 수분 섭취도 챙기고, 더운 날씨에 지치지 않도록 하자.

태국 치앙마이의 선데이 마켓

예술적인 수공예품들이 저렴하기까지 하다. 규모가 워낙 크고 활기찬 시장이다. 방콕에서도 살 수 없는 특별한 물건들이 있다.

태국 방콕의 짜뚜짝 시장

남대문 시장의 몇 배나 되는 규모로, 하루 종일 그곳에서 놀아도 재미있는 곳이다.

베트남 달랏의 나이트 마켓

하루 종일 시장이 열리지만 오전과 오후에 파는 품목이 달라진다. 오전에는 채소, 과일이 주를 이루고 저녁이면 다양한 기념품과 먹거리를 판다. 고산 도시다운 특별한 기념품들을 살 수 있다.

베트남 박하의 선데이 마켓

베트남 북부의 소수 민족들이 일요일에만 모여 장을 연다. 아침 일찍 시작해서 낮 12시 정도에 문을 닫는다. 부족마다 각기 다른 화려한 의상을 입고 장에 나온다. 그들의 수공예품들도 특별하다.

그림 그리기

가이드가 재촉하는 여행도 아니니 우리의 여행은 여유가 있다. 비행기에서, 숙소에서, 식당에서 그림 그리고 놀 시간이 참 많다. 심심해서 그리기도 하고, 아름다움을 남기고 싶어서 그리기도 한다. 여행 중에 만난 사람들에게도 종이 한쪽을 내주고 그림으로 교감한다. 시간에 쫓기지 않으니 멈추고 싶은 곳에서 오래 머무를 수 있고, 멋진 경치를 충분히 느끼며 그림 한 장 그릴 수도 있다. 밥만 먹고 떠나기 아까운 식당에서는 밥 먹고 앉아 그림으로 여유로움을 한층 더해 본다.

아름다운 것을 보면 예술가가 아니라도 뭔가 표현하고 싶고 남기고 싶은 것이 인간의 욕구가 아닐까 싶다. 창작할 여건이 준비된 것을 아이들도 아는 것 같다. 여행에 함께하는 구성원은 매번 달랐지만, 평소 안 하던 것을 한다고 "난 싫어. 안 해." 이러는 아이는 없었다. 다들 누가 먼저라고 할 것 없이 그 상황에 잘 젖어들었다. 함께 여행하는 엄마로서 감사하고 보람을 느끼는 순간이다.

"얘들아, 그림 잘 그리려고 하지 않아도 괜찮아. 편한 마음으로 자기가 그리고 싶은 걸 그려 보면 좋겠다."

풍경도 좋고 여행에서 만난 사람도 좋다. 작은 풀잎, 꽃 한 송이, 비행기 날

오일 파스텔과 검은색 스케치 노트

여행 짬짬이 그림을 그리는 아이들

개 한쪽도 좋다. 아이들의 그림에서 중요한 것은 아이가 무얼 보고 무얼 생각했느냐다. 셔터 한 번 누르면 찍히는 사진과는 달리, 그림에는 아이가 여행지에서 느낀 잠깐의 생각과 이야기가 담겨진다. 아이의 관심에 호응해 주고 과정 자체로 칭찬하고 격려하자. 그림 자체에 중점을 두기보다 그림 안에 있는 이야기를 꺼내 보자. 내 아이를 알아가는 방법이 된다.

그림을 그릴 도구는 간단하고 효과적인 것으로 준비하자. 우선 작은 스케치 노트를 준비한다. 가방에 쏙 들어갈 사이즈가 좋겠다. 나는 흰색 대신 검은색 스케치 노트를 준비해 줬다. 검은색은 바탕색을 칠하지 않아도 뭔가 있어 보이는 그림이 된다. 그림 도구는 오일 파스텔을 골랐다. 일반 파스텔은 가루가 날려서 불편하지만, 오일 파스텔은 오일이 들어가 있어 약간은 크레파스 느낌이 나면서 손으로 문지르는 효과도 줄 수 있다. 세밀한 묘사에는 부족하지만 당시의 분위기를 빠르게 표현하기에는 좋은 도구다. 짧은 시간 그렸는데도 자기 그림이 그럴듯해 보이면, 아이들도 그리고 싶은 의욕이 생긴다. 작가가 되어 뭔가 표현한다는 기쁨도 느낄 수 있다.

그림을 그린다는 것은 관찰이란 행동을 동반한다. 관찰되어진 한 컷의 프레임은 그림 속에도 남지만 아이의 마음속에 깊이 남게 된다. 다양한 감각을 통한 체험은 그림이라는 작업을 통해 온몸에 깊숙이 남는다. 바람의 촉감이나 향기, 소리가 마음에 '꽝!' 하고 선명한 도장으로 찍혀 그 그림을 보는 순간 모든 것이 다시 살아난다.

아이들이 필리핀 따가이따이 호수를 그리고 있다.

아이들의 그림 작품

잘 그린 그림은 아니지만, 아이의 마음속에 무엇이 인상적이었는지 보여 준다.
미술 전공자도 아니고 아동 심리학을 아는 것도 아닌 평범한 엄마지만 아이의 그
림을 통해 더 많은 여행의 이야기를 들을 수 있게 되었다.

7세 때의 태국 여행

공항 검색대

공연 보면서 저녁 식사

동물원 기린

시장

관제탑

항공사 승무원

나무

수상 가옥

열대 꽃

여행에 대한 기대감

관찰의 레이더 켜기

아이들에게 다른 것 찾아내기 미션을 준다. 일명 '왜 그럴까?' 미션. 한국과는 어떤 것들이 다른지, 눈에 띄는 모든 것에서 다른 점을 찾아보는 것이다.

"엄마, 여기는 이런 게 참 다르다."

"오 그렇구나! 엄만 몰랐네."

약간의 오버가 포함된 진심 어린 공감의 표시를 해 주자. 머리로 하는 공감이 아니라 마음으로 하는 공감이 되어야 한다.

그 다음 단계는 왜 그런지 함께 생각해 보는 것이다. 물론 엄마가 답을 알 수도 있지만, 아이가 생각할 시간을 주자. " 왜 그렇지? 왜 다른 걸까?" 하고 질문을 던지면 아주 엉뚱하고 재미있는 답들이 나온다.

"아마 ○○○해서 그런 것 아닐까, 엄마?"

"와, 맞다. 그래서 그런가 보다. 일리가 있네. 멋진 생각인데?"

진심이 담긴 부채질을 강력하게 해 주면 된다. 엄마가 답을 몰라도 괜찮다. 이 과정이 중요할 뿐이다. 정말 궁금한 것은 인터넷에서 답을 찾아보거나 현지인 또는 현지 교민에게 물어보기도 했다. 검색으로 해결되지 않는 것은, 한국에 돌아와서 여행 카페에 질문을 올리면 궁금증을 풀 수 있다. 대부분 기후적,

지리적, 역사적, 경제 상황
적인 특성에서 그 답을 찾
을 수 있다. 깊이 있는 여
행으로 가는 길이다. 다른
미션은 안 하더라도 이것
만큼은 여행의 순간순간
마다 꼭 해 보길 바란다.
어렵지 않지만 중요한 미션이니, 엄마
와 아이가 함께 해 보자!

아이가 세상에 대해 궁금한 것이 많았
으면 좋겠다. 아름다운 것만 보고자 한다
면, 집에서 화질 좋은 TV로 멋진 영상들
을 보는 것이 더 나을지 모른다. 굳이 시간
과 돈을 들여서 아이들과 여행하는 이유,
그것은 바로 "왜 그럴까?"이다. 이 '왜'라는
생각을 한번 해 보게 하려고 교과과정 내내
얼마나 애쓰고 있는가. 여행에서는 관찰과

과자 포장이 왜 이렇게 작은 걸까?

호기심에서 시작되는 생각의 확장이 아주 자연스럽고 폭발적으로 일어난다.
여행하며 이 순간을 목격했을 때, 나는 가장 즐겁고 뿌듯하다.

여행은 우리 안의 모든 레이더를 깨운다. 단순히 오감만을 말하는 것은 아니
다. 이 레이더들은 자주 사용해야 사용 방법도 잊지 않고 필요할 때 잘 작동되
는데, 같은 환경, 반복되는 일상에서는 사용될 일이 없다. 녹슬고 잊혀졌던 레
이더는 낯선 환경에 놓였을 때 작동이 활발해진다. 그리고 여행은 모든 레이더
를 깨어나게 할 기회다.

한국에는 없는 채소, 과
일, 과자들. 마트와 시장
은 관찰 레이더를 작동
시키기 좋은 장소다.

방콕의 리틀인디아.
인도 사람을 처음 본 7
살 꼬마는 무슨 생각을
하고 있었을까?

베트남 하노이 민족사 박물관.
한국과 다른 건축 양식, 풀잎으로
만든 곤충 모양에 아이들은 관심이
많았다.

아이들과 수시로 레이더 작동시키기 연습을 해 보자. 눈에 띄는 것을 관찰하고 '왜'라는 질문을 던져 보게 하자. 궁금해야 더 알고 싶어 공부도 하고, 새로 알게 된 것에 대한 기쁨을 누리게 된다. 엄마들은 알 거다, 호기심에 가득 차 흥분한 내 아이의 모습을. 그 모습을 보게 된다면 이미 미션 성공이다.

아이가 곧바로 뭔가를 보여 주지 않는다고 조급해하지 말자. 숙성되어 나올 때까지 기다리자. 뭔가가 안 나오면 "아직 나올 만큼 충분치가 않나 보네!" 하고 생각하면 그만이다. 여행 한 번 했다고 하루아침에 관찰력 없던 아이가 관찰력이 뛰어나지고, 생각의 표현들을 마구 쏟아 놓지는 않는다. 기다리자. 그러다가 뭔가 나오면 감사하고, 그 다음을 기다리자.

관찰력 높이기 좋은 장소, 쇼핑센터

쇼핑센터에는 각 나라의 특성들이 다양하게 나타난다. 쇼핑센터에 못 가면 편의점에라도 들어가 보자. 어떤 제품들이 한국과는 다를까? 몰려다니지 말고, 시간을 정해서 각자 흩어져 돌아다니자. 아이와 엄마가 각각 카트 하나씩 끌면서 이런저런 이야기를 나눠 보자. 쇼핑 후 각자 고른 물건들을 구경하며 이야기 나누는 것도 즐거운 체험이다.

예시 1. **왜 동남아 음식은 짜고 향신료가 강할까요?**	동남아 과자들은 대부분 짜다. 하나만 사서 여럿이 맛을 보자. 열대 기후는 기온도 높고, 대기 중의 습도도 높다. 그러다 보니 음식을 보관하는 데 어려움이 있다. 향신료나 소금을 많이 첨가하지 않으면 쉽게 음식이 부패한다. 우리나라 남부 지방 음식의 간이 센 이유 중 하나도 이것이다.
예시 2. **왜 라면과 과자는 작게 포장된 것이 많을까요?**	더운 나라는 습도가 높고 개미 등 벌레도 많기 때문일 것이다. 먹던 것을 두면 금방 눅눅해지고 개미가 바글거린다. 대부분의 주택에 나무 바닥이 아니라 타일을 까는 것도 개미의 영향이다. 물론 제품 원가를 낮추려는 것도 한 가지 이유일 것이다. 분리수거도 안 하는 나라들인데, 많은 쓰레기를 발생하게 하는 개별 포장이 좀 과하다 싶기도 하다. 환경 오염을 주제로 이야기를 나눠도 좋겠다.
예시3. **왜 그 나라 브랜드의 전자 제품이 없을까요?**	전자 제품 파는 곳을 지나다 보면 우리나라의 삼성과 LG 제품이 많고, 일본 브랜드들도 있다. 아이들은 왜 그 나라의 전자 제품 회사가 없는지 궁금해한다. 무역에 관해 이야기할 좋은 기회다. 모든 나라가 차를 만들고 전자 제품을 만드는 것이 아니다. 자원이 풍족하지 않은 우리나라는 기술 집약적 산업이 발달할 수밖에 없었던 상황을 이야기해 주자. 반면 자원이 풍부한 나라들은 자원만 팔아도 먹고 사는 데 큰 지장이 없는 것이다. 석유를 팔든 농수산물을 팔든 그 나라의 특성에 맞게 살아가기 마련이다. 우리나라의 자랑스러운 제품들을 다른 나라에서 보게 되면 괜히 어깨가 으쓱해진다.

재래시장에서 한 끼 밥상 차리기

한 끼의 식사를 위해 아이들끼리 시장을 보는 팀 미션이다. 오늘 아이들이 사 온 것으로 점심 한 끼를 마련한다. 재래시장에 1인당 5천 원 정도의 현지 화폐를 나눠 주고 장을 보게 한다. 엄마는 구경만 한다. 물건을 선택하고 흥정하고 돈을 지불하는 모든 일은 아이들의 몫이다.

쇼핑센터나 슈퍼마켓이 아닌 재래시장을 이용한다. 재래시장을 이용하는 것은, 우리의 소비가 얼마 되진 않지만 그 지역의 사람들에게 조금이나 도움이 되었으면 하기 때문이다. 또한 시장에서만 느끼는 정을 아이들이 느껴 봤으면 좋겠다는 마음도 포함된다.

우선은 시장을 돌아보며 뭐가 있는지, 뭘 먹으면 좋을지 궁리한다. 시간이 지나면서 하나둘 뭔가를 구입한 아이들이 생기고 정보 교환이 이뤄진다. 같은 것을 사는 것은 피하고 싶은 것이다.

시장 어르신들은 귀여운 외국인 꼬마들이 마냥 귀여운지, 아이들이 신기해하는 것은 맛을 보여주기도 하신다. 사고 싶은 것이 생기면 나름대로 합리적인 지출을 위해 가격 비교에 들어간다. 이 집은 얼마인데 저기 저쪽 집은 얼마더라 하며 더 저렴한 가게를 찾아간다.

아이들이 장을 볼 때 시장 어르신들은 환한 미소로 대해 주시고 맛보라고 주시기도 했다.

217

아이들이 사온 음식들

과일 하나도 종류가 참 많다. 그 흔한 바나나도 크기가 어찌나 다양한지 아이는 한참을 생각했다. 어떤 것으로 골라야 맛있으려나? 처음 보는 신기한 과일은 어떻게 먹어야 하지? 이 과자는 어떤 맛일까? 시장에서의 활동은 늘 즐겁다. 더군다나 먹는 것이니 더욱 즐겁다.

엄마는 한 발짝 뒤에 물러서서 지켜보기만 하면 된다. 물건값을 물어보고 계산을 하는 것도 아이들이 알아서 한다. 아이들이 알아서 잘하니 맡겨만 놓으면 된다.

아이들의 장보기가 끝나면 엄마는 구입한 물건들을 전체적으로 파악해서 부족한 것만 조금 더 준비한다. 그것으로 훌륭한 한 끼의 만찬이 준비된다.

짜뚜짝 시장의 노천카페

계란 가게

각종 향신료가 들어간 다양한 커리

열대 과일이 쌓여 있는 과일 가게

구운 바나나를 파는 아주머니

재래시장 탐험

유명한 시장이 아니어도 좋다. 여행하는 동네의 작은 시장에 들러 보자. 재래시장에는 주로 과일이 많다. 저렴한 열대 과일을 실컷 먹어 보자. 이름도 모르고 먹는 방법도 모른다면, 이름도 물어보고 맛도 한번 보여 달라고 하자. 맛있으면 꼭 사고, 배워 둔 현지어 "감사합니다!"도 열심히 사용해 본다.

노천카페가 있다면 앉아 맛있는 과일 주스를 마셔 보자. 메뉴판 구경도 재미있다. 주문을 하고 나서 아이와 함께 메뉴판을 꼼꼼히 구경해 보자. 그 안에도 그 나라를 알 수 있는 단서들이 즐비하다.

지나가는 사람들 구경하며 그냥 넋 놓고 시간 보내기도 좋다. 시장의 사람들, 파는 물건들, 파는 방법들은 우리와 무엇이 다를까? 아무 말 없이 지나가는 다양한 사람들을 보며, 그 나라 사람들의 삶을 보며, 아이와 엄마는 무슨 생각을 할까?

사진작가 되어 보기

핸드폰 카메라, 똑딱이, DSLR……. 뭐가 되었든 좋다. 처음에는 아름다운 장소에서 사진 찍기 놀이를 해 보자. 의도적으로 시간을 만든다. 시간이 지나면 자연스럽게 사진을 찍는 아이를 보게 된다. 저녁 시간에는 그날 찍은 사진들을 함께 보면서 아이의 이야기를 들어 보자.

아이가 초등학교 저학년일 때는 소형 디지털카메라, 일명 '똑딱이'라 불리는 카메라를 큰 인심 쓰듯 빌려 주곤 했다. 그러면 아이는 무슨 작가가 된 것처럼 그렇게 진지할 수가 없었다. 사진도 찍다 보면 실력이 조금씩 는다. 보는 사물에 대한 깊은 관찰력도 생긴다.

아이가 조금 자라니 이제는 엄마의 DSLR을 탐낸다. 처음엔 한번 찍어 보라고 그냥 주자. 제법 잘 찍은 사진이 있으면 칭찬해 주고, 기회가 있을 때 사진에 대한 기본 지식을 알려 주자. 면 분할이라든가, 여백이라던가, 접사하는 요령 같은 걸 한 가지씩 가르쳐 준다. 엄마도 잘 모른다면 녹색 창을 검색해서 살짝 공부해 두자.

사진을 찍다가 알게 된 점도 있다. 내가 생각하는 아름다움과 아이가 생각하는 아름다움이 때로는 달랐던 것이다. 내가 주로 사진에 담는 것은 큰 그림으

로 펼쳐진 풍경과 아이가 활동하는 모습인데 반해, 아이는 뜻밖의 장소에서 카메라를 들었다. 혹사당해 아픈 코끼리들의 천국인 '엘리펀트 네이처 파크'에 갔을 때였다. 나는 코끼리들을 사진에 담기에 바빴는데, 딸은 너무 늙어 털도 빠진 개와 고양이들이 곳곳에 늘어져 있는 모습을 사진에 담았다.

코끼리보다 개를 찍고 싶을 수도 있다.

예뻐서, 신기해서, 가까이 보기는 처음이라서, 마음이 아파서……. 아이는 이렇듯 다양한 이유로 사진을 찍는다. 아이가 무엇을 보았는지는 나중에 알게 된다. 그 뒤에 숨은 이야기를 듣는 것도 아주 재미있는 일이다. 핸드폰으로 아이들이 찍은 사진을 카톡방에 공유해 보자. 다양한 시각을 경험하고 관찰력이 좋아지는 기회가 된다. 아이는 여행에서 돌아온 후 종종 하굣길에 멋진 사진을 찍어 여행에서 다져진 사진 실력을 보여 주기도 한다. 마치 일상이 여행이 된 듯.

카메라 주기 전 주의시킬 점

- 소형 카메라는 카메라 끈을 손목에 꼭 감고 찍도록 한다.

- 큰 DSLR의 경우에는 목에 넥 스트랩을 꼭 걸고 찍도록 한다.

- 카메라 렌즈는 지문으로 자국이 남으니 손가락으로 만지지 않도록 한다.

- 사진을 찍고 나면 바로 엄마가 받아서 관리를 하도록 하자. 여행하다 카메라가 망가지거나 도난을 당하면 정말 마음이 힘들어진다.

딸아이의 카메라에 포착된
동물과 꽃들

다양한 체험 활동에 도전하기

여행 중에는 다양한 체험의 기회가 생긴다. 아이 연령에 비추어 무리한 것만 아니라면 가급적 다양한 체험에 도전해 보도록 해 주자. 아이가 두려움이나 부끄러움 때문에 선뜻 나서지 못할 때도 있다. 이때 아이가 도전할 수 있도록 자연스러운 분위기를 조성하는 것도 엄마의 역할이다. 아이들이 많을 때는 분위기 만들기가 더 쉬워진다.

베트남에서 1일 투어를 할 때였다. 엄청나게 큰 뱀과 무료로 사진 찍을 기회가 있었다. 그러나 투어에 참가한 사람들은 대부분 시도할 엄두를 내지 못했다. 사실 나 역시 돈을 준다고 해도 못 할 일 중 하나였다. 그런데 딸 시현이에게 슬쩍 권해 보니 뜻밖에도 용감하게 도전하는 게 아닌가. 시현이가 자연 친화적이고 특히 동물과 곤충을 좋아하는 줄은 알고 있었지만, 조금도 무서워하지 않고 너무 즐거워하는 것이 뜻밖이었다. 이때가 초등학교 3학년 때였다. 3년이 지나 시현이가 중학교 1학년이 된 어느 날, 여행하다가 문득 이 일이 생각나서 물어보았다.

"베트남에서 뱀이랑 사진 찍을 때 정말 하나도 안 무서웠어?"

"응, 엄마. 안 무서웠어. 느낌이 어떤지 궁금했거든. 그리고 엄마, 내가 그때

뱀과 함께 사진 찍기에
용감하게 도전한 시현이

그거 안 해 보고 한국에 가면 얼마나 후회했겠어? '그때 해 볼걸.' 했겠지? 그래서 했어."

　기회가 왔을 때 잡아야 한다는 것을 3학년 꼬맹이는 알고 있었던 거다. 여행이란 지나고 보면 늘 후회가 남는다. '그때 좀 기운 내서 거기에 가 볼걸.' '좀더 그곳을 즐겨 볼걸.' '그때 그 음식을 먹어 보는 건데.' 어른만 그런 줄 알았는데, 아이도 어른과 똑같은 생각을 하고 있었다.

　또 한번은, 베트남 무이네의 모래사막에 갔을 때였다. 모래바람이 지독해서 제대로 눈을 뜨기도 힘들었다. 바람소리에 옆 사람 목소리도 잘 들리지도 않고, 바람이 온몸을 따갑게 때렸다. 나도 사막이 처음이라 어떻게 놀아야 제대로 놀 수 있을지 막막했고, 아이들을 데려온 것이 잘한 일일까 싶었다.

　그때, 늘 말없고 차분하던 사랑이가 가장 먼저 사막을 즐기기 시작했다. 살짝 놀랐다. 아이 내면의 숨어 있던 뭔가를 만난 것 같아서 말이다. 마음껏 소리를 지르고 뛰어다니고 미끄럼 타는 모습이 마치 '사막에서는 이렇게 노는 거야!' 하고 몸으로 보여 주는 듯했다. 그러자 다른 아이들도 하나둘 놀기 시작했

베트남 무이네의 모래사막

다. 사막이 처음이었지만 아이들의 적응력은 최고였다.

여행을 하다 보면 새로운 것을 접하고 도전할 기회가 끊임없이 찾아온다. 이 때 아이가 용기를 갖고 무언가를 시도해 보는 것 자체가 칭찬받을 일이며 격려 받을 일이다. 그럴 때 엄마는 어떤 돌발 상황이 생길지 모르니 매의 눈으로 잘 지켜봐 주고, 아이가 도전하는 멋진 순간들을 마음에 담아 오자.

앞으로도 이 아이들은 세상 살아가며 많은 기회들을 만날 것이다. 무엇이 기 회인지 알아보고 그 기회에 뭔가를 시도해 보는 기쁨을 알게 되리라 믿는다. 아이들은 다음 여행을 꿈꾼다. '다음엔 더 잘해야지! 더 열심히 놀아야지! 더 많은 사람들과 덜 부끄러워하고 이야기해 봐야지!' 하면서.

"그래 맞아. 그게 바로 엄마가 힘들어도 너와 여행을 하고 있는 이유야."

싱가포르의 실내 스카이다이빙

베트남 달랏의 랑비앙산에서 말타기

싱가포르에서 루지 타기

베트남 나짱에서 스킨스쿠버 배우기

CHAPTER 7

여행을
기록으로
완성하다

나만의 여행책 만들기

세상에서 단 하나뿐인 여행책

우리 집의 책장 한쪽에는 특별한 책들이 꽂혀 있다. 6년에 걸쳐 아이와 함께 만들어 온 책들이다. 도화지를 접고 실로 꿰어 책을 만든 다음, 여행 사진을 붙이고, 사이사이에 하고 싶은 말을 조금만 적으면 끝이다.

거창한 기행문은 절대 아니고, 수행평가를 위한 학교 제출용도 아니다. 심심하면 가끔 꺼내서 추억을 되살리며 스스로를 기특하다고 토닥거리는 용도가 되고, 여행이 가고 싶은데 못 갈 때 마음을 위로하는 용도가 되기도 한다. 가끔은 손님과 여행 이야기를 나누기 위한 접대용으로 사용하기도 한다.

한 권 한 권의 책이 만들어지기까지 들어간 여행 경비를 생각하면, 한 권에 적게는 50만 원, 많게는 200만 원이 훌쩍 넘는다. 비용도 비용이지만 우리 가족의 성장이 고스란히 담긴 책이니 가치를 환산할 수 없다. 아마 앞으로도 계속하여 우리 가족과 함께할 책이 될 것이다.

이 책들은 지금껏 했던 여행들의 결정체다. 기록을 남긴 여행과 귀찮아 그냥 넘긴 여행은 하늘과 땅 차이의 결과를 가져왔다. 기록을 남기지 못한 여행은 하늘로 다 날아가 버렸다. 그때 그곳에서 우리가 무엇을 했었는지, 어디를 갔

여행을 다녀올 때마다 아이와 함께
만든 여행책이 차곡차곡 쌓였다.

그동안 국내외를 여행하며 만들었던
보물 같은 책들

었는지, 어떤 추억들을 만들었는지 아무것도 남는 것이 없었다. 그런데 기록을 남긴 여행은 고스란히 우리에게 남아 있다.

아이와 함께 여행책을 보면서 이야기를 나누다 보니, 아이가 7살 때였던 6년 전의 여행도 아주 세세하기 기억하고 있었다. 그 기억은 단편적인 지명 같은 것이 아니라 여행하며 느꼈던 행복한 느낌, 처음 해 보는 두근거렸던 경험, 여행에서 만났던 사람들과의 대화, 그들의 따뜻함 같은 것이었다. 심지어는 바람의 축축함이나 모래의 촉감같이 우리의 감각을 자극했던 다양한 것들을 기억해 냈다.

여행책은 여행 후 한참의 시간이 흐른 후에도 여행 때보다 더 많은 여행 이야기를 나누게 해 주었다. 엄마도 몰랐던 숨겨진 이야기나 그때 이야기해 주지 않았던 아이의 생각들을 시간이 지나니 들려주었다. 그 이야기를 듣고 있으면 '여행하길 참 잘했구나!' 하는 생각에 스스로를 쓰담쓰담하게 된다. 다음에는 어딜 가게 될까? 중학생이 되고 고등학생이 되면 또 어떤 책들이 만들어질지 너무 궁금하다.

초간단 수제 책 만들기

여행책 만들기의 첫 단계는 여행의 기록이 담겨질 빈 책을 준비하는 것이다. 빈 책은 여행 떠나기 전에 미리 준비한다. 물론 간편하게 문구점에서 큼직한 노트나 스케치북을 사서 제목만 적어도 된다. 하지만 우리는 직접 책 만들기에 도전해 보았다.

책을 직접 만든다고 하면 어렵고 번거로울 것 같지만, 한번 해 보면 어렵지 않다. 게다가 아이와 함께 뚝딱뚝딱 책을 만드는 것 자체가 재미있는 놀이가 된다. 종이를 접고, 송곳으로 구멍을 뚫고, 바늘로 바인딩해 보자. 엄마가 만들어 주는 것보다는, 아이가 직접 자기 손으로 만들어 보는 것이 좋다. 아이가 아직 어리다면, 만드는 작업 중에 일부분이라도 참여할 수 있게 해 주자.

내 손으로 만든 책이 더 귀해지는 법이다. 노트나 스케치북에 잘못 썼을 땐 주욱 뜯어 버리면 그만이다. 종이에 대한 긴장감이 없다. 그런데 직접 책을 만들어 보면, 종이가 바늘과 실로 묶이는 순간 그 책이 특별한 존재로 아이에게 다가온다. '내 책'이 되는 것이다. 그래서 더 잘 쓰고 싶고, 성실하게 정성 들여 꾸미고 싶은 마음가짐을 준다.

아이 손으로 책을 직접 만들어 보는 것도 재미있는 놀이다.

　종이 선택에 따라 다양한 크기의 책을 만들 수 있다. 작은 종이로 만들면 수첩이 되고, 큰 종이를 이용하면 제법 큰 사이즈의 책을 만들 수 있다. 인터넷에서 '싱글 섹션 바인딩'이나 '기본 바인딩'을 검색하면 바인딩에 대한 정보도 쉽게 구할 수 있다. 문방구 스케치북과는 차원이 달라지니 한번 도전해 보자.

책 만드는 법

준비물

표지	머메이드지 또는 크래프트지 같은 두꺼운 종이. 집에 있는 쇼핑백 중에서 두꺼운 것을 사용해도 좋다.
속지	A4, 8절 도화지, 4절 도화지 중 필요한 사이즈로 준비한다. 단, 종이를 반 접어 사용하므로 책 크기가 종이 사이즈의 절반이 된다. ex. A4 : 반으로 접으면 간단한 수첩용 노트가 됨. 8절 도화지 : 반으로 접으면 노트 크기가 됨. 4절 도화지 : 반으로 접으면 8절 도화지 크기가 됨.
기타	송곳, 바늘(귀가 큰 돗바늘), 실(뜨개실처럼 굵은 실 아무거나 괜찮음)

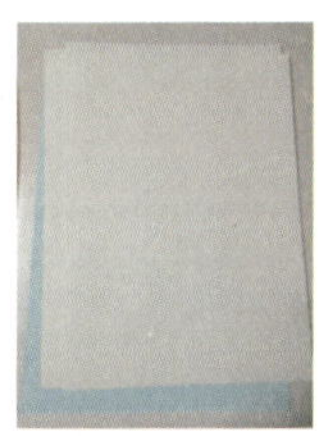

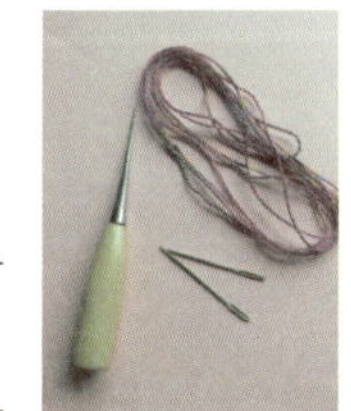

만드는 법

1. 표지와 속지 종이를 전부 겹쳐서 반으로 접는다.

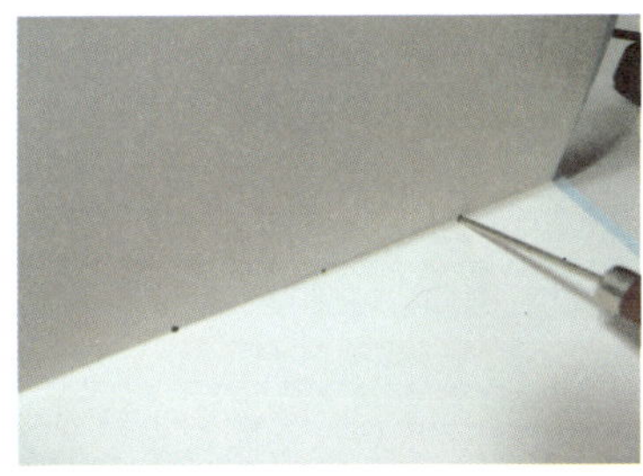

2. 반으로 접힌 모서리를 따라서 송곳으로 구멍을 3개 뚫는다.

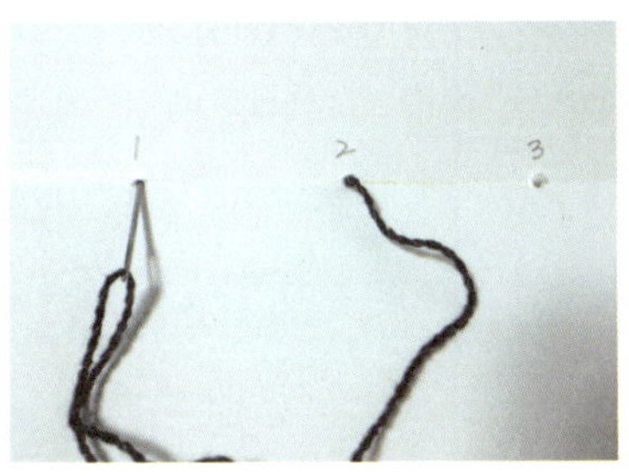

3. 바늘을 2번 구멍 밖에서 안으로 통과시킨다. 이때 구멍 밖에 실을 8cm 정도 남긴다. 바늘은 1번 구멍을 통과해 다시 밖으로 나간다.

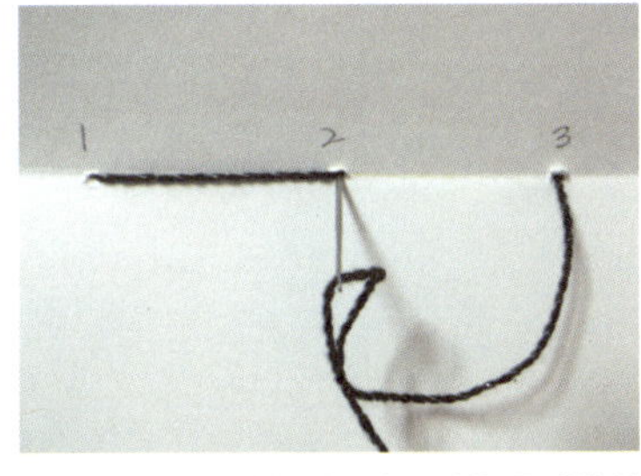

4. 밖으로 나간 바늘이 3번 구멍을 통과해 안으로 들어온다. 바늘은 다시 2번 구멍으로 나간다.

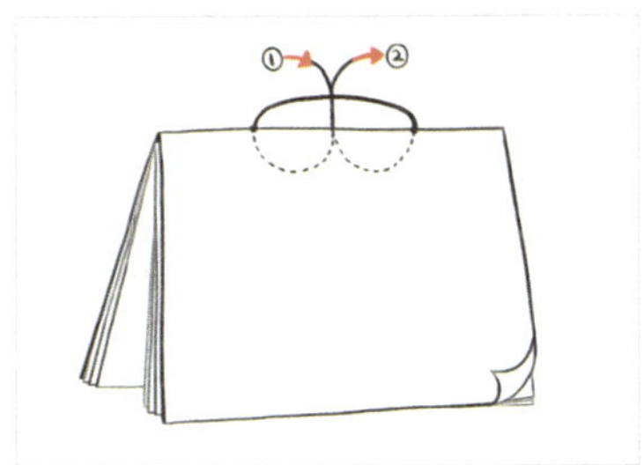

5. 실이 지나가는 경로를 그림으로 보면 위와 같다.

6. 2번 구멍 밖에서 만난 실의 양쪽 끝을 모아 예쁘게 매듭 지으면 완성!

책과 함께 여행 준비하기

여행을 떠나기 전, 준비 과정부터 여행책의 '집필'이 시작된다. 아이가 스스로 여행지를 조사하고 그 내용을 책에 담으면서, 여행의 첫발을 뗄 수 있도록 해 주자. 엄마와 둘이서 머리를 맞대고 적어 보는 것도 좋고, 만일 여러 가족이 함께 떠나는 여행이라면 아이들끼리 모여서 이 과정을 함께하면 더 재미있어한다. (2장에 소개된 '아이들만의 여행 준비 모임' 참조)

여행할 나라에 관한 기본 정보 정리하기

우선 여행 갈 나라에 관해 아이 스스로 조사해서 책에 간단히 적어 본다. 첫 페이지에는 여행할 나라의 이름을 적고, 그 나라의 지도를 그려 본다. 어느 대륙에 위치한 나라인지, 이웃 나라는 어떤 나라가 있는지 지도 옆에 써 보고, 수도의 위치

를 찾아 표시한다. 국기를 그려 보고, 마지막으로 기후나 민족 등의 간단한 정보를 적는다. 아이가 아직 어리다면 그중에서 쉬운 것만 골라서 해 봐도 된다.

여행할 나라에 대한 함께 이야기하고 책에 정리한다.

세계 지도 붙이기

세계 지도를 준비해서 책에 붙인다. 세계 지도는 여행 중에 만나는 사람들의 나라를 표시하는 용도이다. 1일 투어에서 만나는 사람, 버스나 기차에서 만나는 사람 등 세계 여러 나라의 사람들을 만날 기회가 많다. 그 과정에서 아이들은 세계의 여러 나라들에 관심을 갖게 되고 친숙해진다.

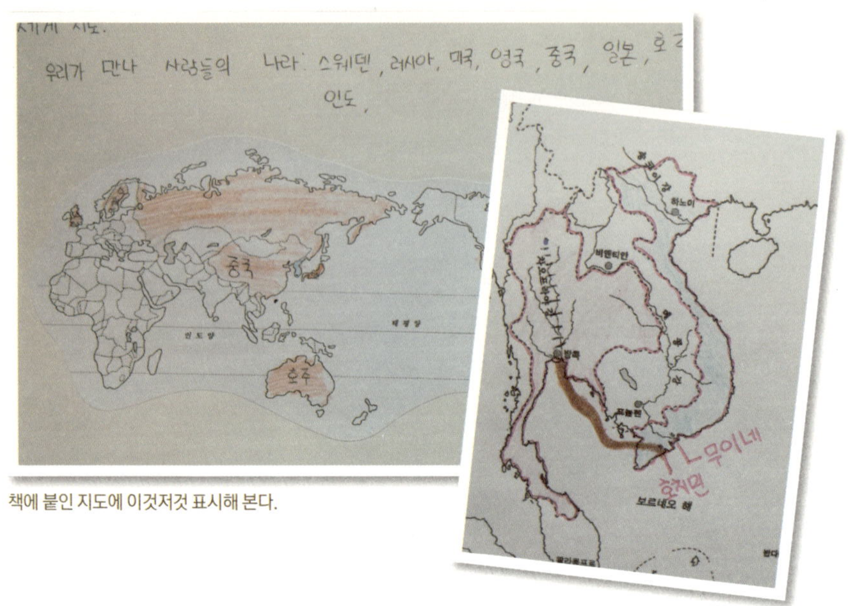

책에 붙인 지도에 이것저것 표시해 본다.

아시아 대륙 지도 붙이기

여행할 나라가 있는 아시아 대륙 지도도 책에 붙여 둔다. 지도에서 여행할 나라와 주위 나라들의 이름들을 찾아서 써 보며 친숙해지자. 우리가 여행하게 될 도시들도 표시해 본다. 또 어떤 교통수단으로 한 국가에서 다른 국가로 이동하고, 한 도시에서 다른 도시로 이동할지도 이야기한다. 이런 과정을 통해 아이들은 어떤 여행을 하게 될 것인지 그림을 그릴 수 있게 된다. 엄마가 하는 여행에 따라가는 것이 아니라 여행의 주체가 되어가는 과정이다.

여행 틈틈이 책 쓰기

한국에서 직접 손으로 바느질하여 만든 책은 여행 중에도 함께하게 된다. 책에 무엇을 그리거나 무엇을 붙이거나, 그것은 책 주인의 마음이다. 엄마가 준비할 것은 색깔 펜, 연필, 지우개, 가위, 풀 정도다. 물론 가끔은 아이가 그 나라의 특징을 잘 표현할 수 있도록 힌트를 주어도 좋다.

여행의 중반쯤 늦게 일어나고 천천히 움직여도 되는 날을 만들자. 이런 날은 오래 앉아 여유를 즐겨도 될 만한 편안한 식당에서 브런치를 먹고 나서, 책을 펼쳐서 아이들과 며칠 동안 어떤 곳들을 여행했는지 일정을 정리해 보는 건 어떨까?

여행 중간중간 보고 느낀 것을 정리한다.

태국 여행 때의 일이다. 방콕 짜오프라야강 옆의 식당에서 브런치를 먹고 아이들과 함께 책을 쓰기로 했다. 아직 점심 시간 전이라 손님도 없어 눈치를 보지 않아도 되니 좋았다. 일행 중 7살 아이의 책에서 태국 국기를 발견했다. 어디서 보았을까? 아이는 옆 건물에서 태국 국

아이들이 만드는 책에
관심을 보이는 식당 직원들

기가 바람에 날리고 있다고 대답했다. '오호, 관찰력이 제법인데?' 하고 놀랐다. 식당 직원들도 다가와 아이들의 책에 관심을 보였다. 관심 보이는 사람들이 많아지니 아이들은 더 열심히 작품 활동에 임했다.

아니면 숙소에서의 저녁 시간을 활용해도 좋다. 도심과 좀 떨어진 곳에 숙소가 있을 경우 밤에 할 일이 별로 없다. 이런 날에는 책 만들기가 딱 알맞은 놀이다. 마인드맵도 좋고, 그림도 좋다. 이른 저녁 식사를 마치고 시간을 만든다. 여행 중에 아이들이 쓰고 싶은 것, 붙이고 싶은 것들로 마음껏 책 놀이를 해 보자.

저녁에 숙소에서 책을 쓰며 노는 아이들

그림, 글, 마인드맵 등 다양한 방법으로 아이들 마음껏 표현하게 한다.

여행에서 돌아와 완성하기

이제 여행을 마치고 돌아왔다. 책을 마무리해 보자. 여행에서 돌아와 1주일 안에는 정리를 끝내는 것이 좋다. 자꾸 미루다 보면 정리도 못하고, 시작한 책도 완성이 안 된다.

여행 개요 적기

한 페이지 정도 할애해서 여행 개요를 적어 본다. 여행한 나라와 도시, 여행 기간, 함께 여행한 사람들, 이동 경로와 교통수단 등을 간단히 정리한다. 여행에서 느낀 것들을 '생각 그물'로 그려 보는 것은 또 하나의 정리가 된다. 여행 전에 붙여 두었던 세계 지도에는 여행하면서 만난 사람들의 나라를 색칠하여 완성한다.

여행 사진 붙이기

사진을 정리하는 것은 보통 일이 아니지만 그래도 칼을 뽑았으니 끝을 내야 한다. 함께한 일행들의 사진을 다 모은다. 일정별로 폴더를 만들어 사진을 분

"

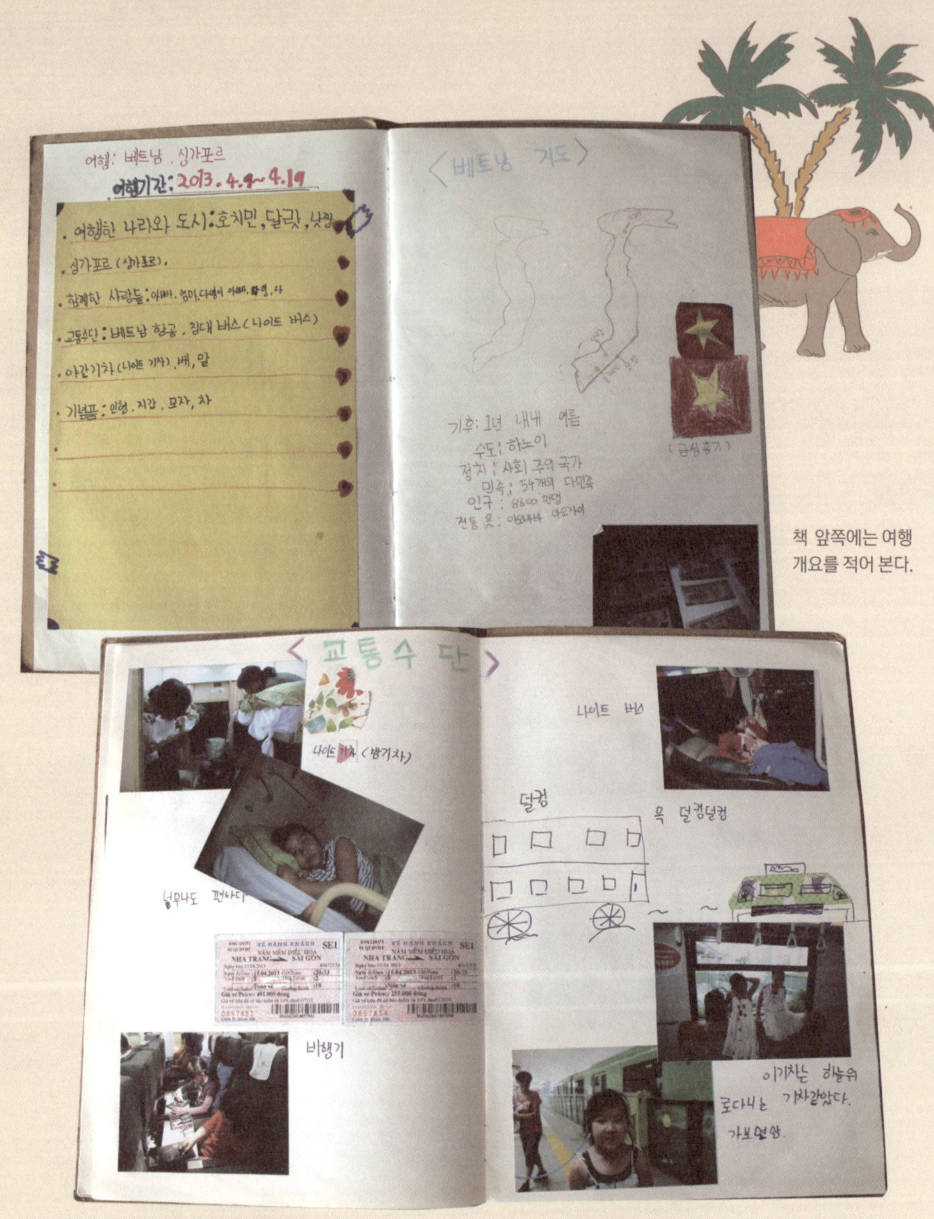

책 앞쪽에는 여행 개요를 적어 본다.

책 뒤쪽에는 특별한 주제가 있는 사진만 따로 분류해 본다.

짱안

호수에 섬쓰 참 멋진
산라 바위가 많았다.

노를 저어주신
아주머니선

배를 타고
동굴도 들어가고
사원 같은 곳에도
들렸다. 또 웨딩 사진
은 저절으러로
모부도 보았다.

사진은 자유롭게 붙이고 여백에 글을 적는다.

류한다. 초점이 나간 사진들, 비슷한 사진들을 버린다. 버리는 일은 늘 어렵지만 그래도 버리자. 컴퓨터 용량만 차지할 뿐이다.

인터넷으로 사진 인화를 주문한다. 3×5사이즈가 70원부터 120원까지 다양하다. 1장당 평균 100원이라 치면 100장을 인화해 봐야 10,000원 정도다. 요즘은 '포토북'이라고 해서 사진을 책으로 만들어 주기에, 나도 한 번 주문해서 받아 봤다. 하지만 역시 손으로 만든 여행책이 최고다. 아이들이 쓰고 싶은 이야기도 자유롭게 쓸 수 있고, 사진도 크고, 핸드메이드의 감성이 느껴져서 비교할 수 없었다.

인화된 사진을 받아 아이와 함께 일정 순서에 따라 사진을 분류한다. 여행의 시간 순서대로 사진을 책에 붙여 본다. 사진은 원하는 형태로 잘라서 붙여 보자. 꼭 사각형의 사진이 아니면 어떤가. 여백에는 그때의 느낌과 생각들을 자유롭게 적어 본다. 맞춤법이 좀 틀려도 넘어가자. 음식, 교통수단, 아이가

아이들의 그림과 사진으로 꾸며진 여행책

특별히 찍었던 사진들은 뒤쪽에 따로 페이지를 구성해도 좋다.

그림 붙이기

사진을 다 붙이고 남은 페이지에는 아이들이 작은 스케치 노트에 그렸던 그림을 잘라와 붙여 준다. 이제 거의 마무리다.

표지 장식하기

여행하며 얻어 놓았던 책자나 그 나라를 상징하는 그림들을 찾아 표지를 장식해 본다. 가장 으뜸은 비행기에 비치되어 있는 기내지다. 그 나라의 이미지를 가장 잘 나타내는 것이 항공사에서 만든 잡지가 아닌가 싶다. 멋진 사진이나 그림을 오려서 표지에 붙여 본다. 마지막으로 또박또박 책의 제목을 적으면, 세상에서 하나밖에 없는 여행책이 완성된다.

책으로 들려주는 여행 이야기

여행을 한 권의 책으로 만들어 냈다. 아이도, 엄마도 서로가 대견하고 기특하다는 생각이 절로 들 것이다. 다 만든 책을 책장에만 꽂아 두면 아까우니 이제 열심히 자랑해 보자.

제일 먼저 자랑해야 할 사람은 가족이다. 엄마와 여행 온 아이들에게 꼭 해 보라고 강조하는 미션이 있다. 그것은 회사일로 여행에 함께하지 못한 아빠에게 책을 보여 드리면서 여행 이야기를 해 드리는 것이다. 엄마와 아이가 여행하던 그 시간 동안 아빠는 얼마나 걱정했을까? 혼자 생활하느라 나름 힘들고 외로운 시간을 보냈을 것이다. 그런 아빠에 대한 고마움도 표현하고, 여행을 통한 아이의 성장을 가장 가까운 아빠가 함께할 수 있도록 하자.

그냥 이야기를 듣는 것보다 그동안 만든 여행책을 한 장 한 장 넘기며 아이가 들려주는 여행 이야기는 얼마나 멋진지 모른다. 쑥스러움이 많은 아이도 고생하고 놀랐던 대목에서는 흥분으로 목소리가 커진다. 남자들의 군대 이야기처럼 약간의 과장도 섞어 이야기하는 모습에 '우리 아이, 이런 모습 처음이네.' 할 수도 있겠다. 아빠가 바쁘더라도 꼭 시간을 내서 아이가 여행책으로 들려주는 여행 이야기를 들어 주시길 당부드린다. 질문도 많이 해 주고, 약간의 오버

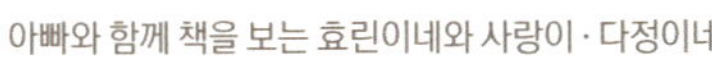
아빠와 함께 책을 보는 효린이네와 사랑이·다정이네

는 양념으로 넣어서 말이다. 아이가 둘이라면 두 아이 따로따로 이야기를 들어 주는 것이 좋다.

말이란 것은 놀라워서, 이야기하다 보면 아이들 스스로도 '내가 이런 생각들을 했었구나!' 하고 깨닫는 바가 크다. 여행책이 있으니 아이가 이야기하기가 훨씬 쉬워진다. 듣다 보면 '아이가 이렇게 컸구나! 이런 생각도 했었구나!' 하고 깜짝 놀랄 것이다. 이런 과정을 통해 아이의 여행은 가족 모두의 여행이 된다. 일상을 살다가 여행 이야기가 툭툭 튀어나올 때, 여행을 함께하지 못했던 가족도 함께 공감할 수 있게 될 것이다.

한 번이 어렵지 그 이후는 쉽다. 다정이와 사랑이네는 손님이 집에 오실 때마다 여행책을 가지고 여행 이야기를 들려 드렸다고 한다. 명절에는 할머니, 할아버지 댁에 여행책을 가지고 가서 일가친척들에게 여행 이야기를 해 드리기도 했다고 한다.

여행책을 다양한 학교 과제 제출 시에 사용해도 효과 만점이다. 방학 과제물로도 좋다. 만일 학기 중에 여행을 했다면 체험학습 결과 보고서를 제출해야 한다. 보고서 양식에는 다녀온 곳 정도만 간략히 적고 아이가 만든 책을 함께 제출해도 좋다. 물론 과제로 점수를 받기 위해 만든 책은 결코 아니지만 기왕에 만든 책이니 말이다.

유난히 쑥스러움을 많이 타던 딸아이를 위해 담임 선생님께 "여행책 발표 기회를 주시면 감사하겠습니다." 하는 부탁을 드린 적도 있다. 아이의 부끄러워하는 성격 때문에 생각한 일이었지만 아이에게도 좋은 기회가 되었을 것 같다. 단순히 외국에 다녀온 데 그치지 않고 다양한 체험을 했기에 더 많은 이야기가 가능했을 것이다.

때로는 여행책이 교실 뒤에 전시되기도 했다. 쉬는 시간이면 반 아이들이 여행책을 구경하며 그 나라의 사람들과 현지 문화가 담긴 사진에 대해 질문

교실 뒤에 전시된 여행책

을 했다고 한다.

　3학년이었던 성민이도 여행책을 과제로 제출했는데, 선생님께서 그날 바로 집으로 되돌려 보내셨다고 한다. 그 이유를 여쭤보니, 너무 귀한 책이라 아이들이 보다가 훼손될까 봐 걱정하신 선생님의 배려였다고 한다. 그만큼 담임 선생님이 생각하시기에도 여행을 잘 느낄 수 있는 소중한 책이라 생각하셨던 것 같다.

　멋진 여행책을 만들었다면 담임 선생님께 요청드려 봐도 좋겠다. 여행책으로 이야기하는 여. 행. 발. 표. 회.

Q&A

아이와의 여행에 대한 작은 궁금증들

Q. 예방 접종을 해야 할까요?

여행국마다 다릅니다. 우선 인천 공항 검역소(032-740-2703)로 전화해서 언제 어디로 여행 가는지 상담을 하면, 어떤 예방 접종을 해야 하는지 상세히 알려 줍니다. 필수 사항과 권고 사항을 알려 주면 결정을 하시면 됩니다. 대부분 권고 사항이니 접종을 할지 말지는 엄마의 판단에 달려 있습니다.

장티푸스	보건소에서 접종 가능. 만 5세 이상. 접종 비용 4,400원. 여행 2주 전에 접종 권장. 한 번 접종 시 3년간 예방 가능.
말라리아	말라리아 예방약은 약제 내성 지역이 있어 몇 가지의 예방약 중 지역에 맞는 약을 처방받아야 함. * 라리암정 여행 2주 전부터 여행 끝나고 4주 후까지 일주일 1번씩 복용. 우울증, 불안 장애 등 정신 질환이 있는 사람은 금함. * 말라론정 여행 1~2일 전부터 여행 끝나고 7일 후까지 매일 복용.
기타	지역에 따라 황열, 콜레라, 파상풍, 간염 예방 접종이 필요하기도 함.

예방 접종은 대학병원이나 보건소에서 하면 됩니다. 동네 병원에는 약이 없을 수도 있으니까요. 아무래도 보건소가 비용도 저렴하니 추천합니다.

다만 말라리아약의 경우, 보건소에서는 성인만 처방전을 받을 수 있고 아동은 일반 병원에서 처방전을 받아야 해요. 보건소의 내과 진료는 만 15세 이상만 가능하기 때문입니다. 여행 국가에 따라 말라리아약의 종류도 달라지므로 상담이 꼭 필요합니다. 대학병원의 가정의학과에서 운영하는 여행의학 클리닉을 이용하세요.

처방전이 있어도 동네 약국에서는 약을 구입하기 어렵고, 주로 대학병원 근처 약국에서 쉽게 약을 살 수 있다고 하니 참고하세요.

Q. 여행 가방은 캐리어와 배낭 중에서 어느 쪽이 좋을까요?

20대 청년도 아니고, 엄마들의 허리와 어깨는 배낭을 감당하기 어렵지요. 캐리어를 끌기 어려운 산간 지역이나 많이 걷는 도보 여행이라면 캐리어보다 배낭이 좋겠지만, 아이와 함께하는 여행에는 해당 사항이 없으니 캐리어와 작은 배낭의 조합이 좋습니다. 아이와 엄마의 캐리어를 하나씩 준비합니다. 하나는 기내 반입용 20인치, 하나는 수하물로 보낼 24인치로요. 그리고 각자 작은 배낭 하나씩을 챙깁니다.

유용한 가방이 또 하나 있는데요. 마트 장바구니 있으시죠? 접어서 큰 캐리어 바닥에 넣어 가세요. 해변에 놀러 갈 때 아이들 옷과 잡다한 먹을 것들을 넣어 사용하기 좋습니다.

Q. 여행용 캐리어 제대로 고르는 방법은요?

한번 구입한 캐리어는 적어도 10년은 사용하게 됩니다. 가전제품 고르듯 신중을 기하게 되지요. 디자인만 예쁜 싸구려 캐리어는 피하세요. 나중에 AS를 확실히 받을 수 있는 회사 제품을 고릅니다. 바퀴는 4개, 재질은 PP 또는 PC, 자물쇠에 TAS 마크가 있는 것으로 해야 합니다. 미국 여행을 할 때는 세관에서 임의로 검사할 수 있는데, TAS 마크가 없는 것은 마스터키로 열 수 없어 자물쇠가 파손될 수 있어요.

캐리어 커버가 없다면 주방에서 사용하는 랩을 긴 사이즈로 하나 챙겨 둡니다. 수하물로 짐을 부칠 때 캐리어에 둘둘 말아 주세요. 가방은 우리가 안 보는 동안 던져지며 혹독하게 다뤄집니다. 비싼 가방에 스크래치가 생길까 염려된다면 엄마 한 분만 준비해서 다 함께 사용하면 좋겠지요.

Q. 가방 부피를 줄이는 요령이 있나요?

우선 욕심을 버리세요. 꼭 필요한 물건만 챙기세요. '사용할 일이 있을지도 몰라.' 하고 이것저것 다 챙기게 되는데, 이렇게 한 번 걸러 생각되는 물건은 두고 가세요. 가방이 무거울수록 여행은 힘들어집니다. 특히 엄마와 아이만 가는 여행이라면, 가방을 들어 줄 아빠가 안 계시다는 것을 잊지 마세요.

중저가 호텔에 비치된 샴푸, 린스, 비누, 칫솔 등은 품질이 떨어집니다. 화장품이나 샴푸 등은 1회용품을 챙기세요. 치약은 거의 다 쓰고 조금만 남은 것으로 가져가서 쓰고 버리고 옵니다.

지퍼백을 잘 활용해 봅니다. 옷은 돌돌 말아 넣고 종류별로 눌러 최대한 압축하세요. 신발 안에는 양말 같은 작은 물건에 비닐 씌워서 채워 넣어요. 신발은 1회용 샤워캡을 이용해서 포장해도 좋아요.

액체 용기는 흐르지 않도록 비닐에 한 번 더 넣고, 혹시 깨지는 물건이 있으면 딱딱한 가방 바닥에 닿지 않도록 옷 사이에 넣습니다.

Q. 여행 필수품은 뭐가 있을까요?

여권	기한이 6개월 이상 남아 있는지 확인하세요. 여권에 낙서하면 안 됩니다. 여권은 수첩이 아니에요.
항공권	전자 항공권(e-ticket)을 출력합니다.
기타 서류	여권 분실에 대비해서 여권 사본, 증명사진을 별도로 보관하고, 현지 숙소 연락처와 바우처를 챙깁니다. 혹시 모르니 이 모든 서류는 이메일로 보내 두세요. 핸드폰에 저장해 놓았다가 핸드폰 잃어버리면 낭패입니다.
화폐	동남아의 경우 달러로 가져가서 현지 화폐로 환전하는 것이 환율이 높아요. 현지 호텔, 환전상, 은행에서 환전 가능합니다. 공항 환전소의 환율을 알아두었다가 그보다 좋은 환율로 환전하면 잘했구나 생각하면 됩니다.

의약품	코감기약, 기침감기약, 해열제, 장염약, 알레르기약, 염증성 안약, 소화제 등이 필요합니다. 물파스, 모기 물린 데 바르는 약, 붙이는 파스도 유용해요.
의류	속옷은 3일치를 챙기고, 더운 나라라도 따뜻한 긴팔 옷을 한 벌씩 준비하세요. 4~5일 여행이나 10일 여행이나 옷의 분량은 별차이가 없어요. 어차피 세탁해서 입으니까요. 평소 즐겨 입는 옷으로 가져가세요. 새로 산 옷보다 평소 입던 옷이 아이들에게 심리적 안정감을 줍니다.
신발	부피가 큰 운동화는 신고 가고, 부피 작은 샌들이나 슬리퍼는 가방에 넣어 갑니다.
소형 자물쇠	5천 원 이내의 번호형 소형 자물쇠 준비해서 백팩 고리에도 하나 거세요. 복잡한 도심에서 도난 방지 효과가 있어요.
세면도구	최대한 부피가 작은 것이나 1회용품으로 준비합니다.
지퍼백	약간 큰 사이즈가 유용합니다. 젖은 옷을 보관하거나 옷 부피 줄이는 데도 좋아요.
지갑	한국에서 쓰던 부피 큰 가죽 지갑은 불편해요. 아주 단순하고 얇은 종류를 쓰는 것이 좋아요.
선크림, 모자, 선글라스, 얇은 긴팔 옷	선크림만으로는 안전하지 않아요. 햇빛이 강해서 금방 화상을 입게 됩니다. 바다에서도 수영복 위에 얇은 긴팔을 입는 것이 좋고, 장거리 버스, 쇼핑몰에서도 얇은 긴팔이 유용하니 늘 지니고 다니세요.
어댑터	각종 전자 기기를 사용할 때 필요합니다.
생리대	태국은 비교적 사기 쉽지만, 그래도 한국 제품이 좋아요.
모기 기피제	너무 독하지 않은 것으로 준비하면 아주 유용합니다. 말라리아약을 안 먹었다면 열심히 사용해 주세요.
과도	과일을 깎아 먹을 때 아주 유용해요.
물티슈	한국에서 사 가는 게 좋아요. 막상 사려면 없어요.

Q. 환전하는 데 유리한 방법은요?

한국에서는 주로 은행에서 환전하지만, 외국에서는 환전소를 주로 이용해요. 같은 돈이라도 10달러보다 100달러짜리 지폐가, 구겨지지 않은 깨끗한 지폐가 더 높은 환율로 환전할 수 있어요. 구김이 많거나 찢어진 화폐는 환전을 거부당할 수 있으니 한국에서 달러를 환전할 때 되도록 새 돈으로 받으세요.

여행 국가의 지폐로 바로 환전해 가는 것보다 한국에서 달러로 환전하고 현지에서 다시 현지 화폐로 환전하는 것이 더 유리한 경우가 많아요. 해당 국가 지폐로 환전해 가려고 너무 노력하지 마세요. 공항에서 시내로 가기 위해 필요한 차비만 공항 환전소에서 조금만 환전하고 나중에 시내 환전소나 호텔, 또는 은행에서 추가로 환전하면 됩니다.

Q. 전자 항공권(e-ticket)과 탑승권(boarding pass)의 차이점

전자 항공권은 예약 확인증과 같아요. 항공권 발권이 완료되었다는 확인 수단입니다.

전자 항공권을 출력하여 출발 당일에 항공사 카운터에서 여권과 함께 제시하면, 실제 비행기를 탈 수 있는 진짜 항공권을 받게 되는데 이것이 탑승권(Boarding Pass)입니다. 탑승권에는 출발 도시, 도착 도시, 항공사 이름, 비행기를 타는 게이트 번호, 출발 시간, 좌석 번호 등이 표시되어 있어요.

Q. 여행 가방 속의 배터리는 비행기 탑승과 무슨 관계일까요?

"엄마, 배터리는 왜 가지고 타야 해요?" 아이들은 궁금해해요.

배터리는 폭발 가능성이 있어요. 화물칸은 온도의 변화가 크고 짐을 다루다가 충격이 가해질 수 있는데, 온도와 큰 충격은 모두 배터리에 큰 영향을 줄 수 있기 때문입니다. 화물칸에서 발화되면 사람이 지키고 있는 것이 아니니 빠른 대처도 힘들겠지요. 그래서 항공사 카운터에서 체크인할 때, 화물로 보낼 가방에 배터리가 있는지를 물어봅니다.

휴대용 건전지는 물론이고, 배터리를 사용하는 카메라, 캠코더, 휴대폰,

노트북, mp3 등의 전자 장비도 휴대만 가능하니 기내에 가지고 타야 합니다. 무심코 또는 귀찮아서 그냥 트렁크에 배터리를 넣고 짐을 부치면 검색에 걸리게 됩니다. 그러면 항공사 직원이 짐 주인을 찾게 되고, 보안 검색과 출국 심사도 늦어져서 아주 곤란한 상황에 처해집니다. 배터리는 압수당해 버려질 테고, 다시 사는 데 비용을 지출하게 될 수도 있습니다. 하지 말란 것은 하지 마세요. 아이들이 보고 있습니다.

공항에서

Q. 공항에서 문제가 생겼을 때 도움되는 방법이 있을까요?

공항에서 갑자기 문제가 생기면 무척 당황스럽지요. 아래 몇 가지 케이스를 참고하세요.

캐리어가 고장 났어요.	출국 전에 캐리어의 손잡이나 바퀴 등이 고장 났는데, 간단히 수리할 수 없는 가방이라면 곤란하겠지요. 이때는 여행 가방 대여가 가능합니다. • 아셈닥터 : 지하 1층 동편 스파온에어(찜질방) 안쪽. 06:00~20:00
프린트, 팩스, 인터넷이 필요해요.	갑자기 프린트를 해야 하는 등의 문제가 생겼다면 인터넷 카페를 찾아보세요. **출국 수속 전 (일반 구역)** • The Beans by UCC : 지하 1층 동편. 07:00~21:00 • 인터넷 카페 by 카페베네 : 일반 구역 여객터미널 2층 동편, 서편. 08:00~22:00 • 오비탈 문구 : 지하 1층 서편. 08:00~20:00 **출국 수속 후 (면세 구역)** • 각 항공사 라운지에서 무료로 프린터 이용 가능 • 인터넷 카페 by 카페베네 : 탑승동 3층 124번 게이트 부근. 06:00~22:00
공항에서 갑자기 몸이 아프다면?	• 인하대병원 공항의료센터 : 지하 1층 동편. 24시간

사실 인천 공항은 해외 출국만을 위해 이용하기에는 너무 아까운 장소입니다. 아이와 따로 시간을 내서 체험학습을 하러 가도 좋을 멋진 장소입니다. 하루 여행 코스로 강추예요. 과학과 생태 체험학습을 한 번에 해결해 주는 곳입니다.

자기부상열차	대전 과학관에서나 돈 주고 탈 수 있었던 자기부상열차를 무료로 탈 수 있어요. 짧은 거리이긴 하지만 용유역에 내리면 바다를 감상하기에 충분합니다. 연계 버스를 타면 을왕리 해변, 왕산 해수욕장으로도 갈 수 있습니다. 게다가 현재까지는 무료입니다. • 인천국제공항역 ↔ 용유역. 6개 역사. • 편도 약 12분 소요. 오전 9시~오후 7시 운행
밀레니엄홀 문화 공연	매일 15:30, 16:30, 17:30 매회 30분씩 다양한 문화 공연이 있습니다.
인천국제공항 전망대 (오성산 전망대)	공항에서 10분정도 떨어진 거리에 있으며, 공항을 한 눈에 담을 수 있는 특별한 곳입니다. 아마도 모든 아이들은 이곳을 좋아할 것 같아요. 비행기가 뜨고 내리고 활주로를 달리는 모습을 아주 잘 볼 수 있는 곳이에요. 어른인 제 눈에도 커다란 비행기가 떠오르고 내리는 모습은 참 볼수록 신기합니다. 물론 공항에서도 볼 수 있지만 전망대에서 바라보는 공항의 모습은 색다릅니다. 다양한 종류의 비행기, 여성으로 성공한 기장 이야기, 관제탑 이야기 등등 다양한 이야기가 오고갑니다. • 12월~2월 : 10:30~16:00 3월~11월 : 10:00~17:00 • 306번 버스(여객터미널 3층 2번, 13번 정류장)

Q. 비상시 응급 상황에 대처하는 방법이 있나요?

심각한 경우에는 인근 종합병원에 빨리 방문하세요. 가벼운 증상에는 핫 팩이 도움될 때가 많은데요. 비닐 지퍼백에 수건을 넣고 뜨거운 물을 부어 핫팩을 만들면 됩니다. 물이 새지 않도록 잘 닫고 마른 수건으로 한 번 더 감싸 사용해요. 심리적 긴장감으로 배가 아프거나 성장통으로 다리가 아플 때, 체하거나 가벼운 감기에 걸렸을 때도 아주 유용하게 쓰입니다.

Q. 약 구하기는 쉬운가요?

가까운 드러그 스토어를 찾아 필요한 약을 삽니다. 동남아는 처방전 없이 살 수 있는 약들이 많고 태국, 필리핀은 드러그 스토어가 많아요. 편의점 만큼 많습니다. 반면, 베트남은 좀 찾기 어렵네요. 나라마다 차이는 있습니다. 큰 도시에는 대학병원도 많습니다.

Q. 도난을 당했다면 어떻게 할까요?

휴대품 도난 사고의 경우에는 사고 증명서가 필요해요. 수화물을 도난당했을 경우는 공항 안내소에서, 호텔에서 도난당했을 경우는 호텔 프런트에 신고해 확인증을 받아 놓으면 보험금을 받는 데 문제없어요. 길이나 외부에서 발생한 도난이라면 경찰서에서 도난 신고서(Police Report)를 작성해야 해요.

도난당한 도시의 경찰서에서 발급받아야 해요. 한국처럼 경찰서 및 파출소가 24시간 하지 않고, 주말에는 불가능합니다. 경찰서에서 현지 언어로 대화해야 할 때는 숙소에 부탁하여 경찰서에 같이 가 날라고 해 보세요. 약간의 사례를 한다면 가능한 일이지요.

여행자 보험에서는 분실(lost)은 보상이 안 됩니다. 도난(stolen)만 보상 가능하니 리포트에 도난으로 기재되었는지 꼭 확인해야 해요. 도난품에 대한 보상은 최대 개당 20~30만 원 정도에요. 예를 들어 카메라의 경우라면 카메라, 렌즈를 따로따로 적어 보상받아야 합니다. 귀중품은 미리 사진을 찍어 놓는 것이 좋고, 제품명을 제대로 알고 있어야 하니 카메라, 핸드폰 등의 정식 제품명과 기종을 메모해 놓는 것도 방법입니다.

필요 서류	도난 신고서 (Police Report) 분실 물품 구매 영수증 (인터넷 거래 명세 또는 제품 보증서 등도 가능)

Q. 병원 치료 후 준비해야 할 서류가 있나요?

병원 치료를 받았을 경우에는 진단서와 영수증을 챙겨 와야 귀국 후에 여행자 보험에 따른 보상을 받을 수 있어요. 여행하며 생긴 질병이나 외상은 귀국 후에 국내 병원에서 치료받아도 보상 가능합니다.

필요 서류	의사 소견서 또는 진단서, 치료비 명세서 및 영수증, 처방전 및 약 구매 영수증

Q. 빨래는 어떻게 하나요?

속옷은 밤에 빨아 수건 사이에 넣어 비틀어 수분을 최대한 빼서 널어 놓아요. 세탁소 철사 옷걸이를 몇 개 가져가면 좋지요. 무게나 부피가 얼마 안 되니까요.

여행자 거리에는 빨래방이 많아요. 눈에 안 보이면 'laundry services'를 물어보세요. 그런데 우리나라 세탁소 같은 곳을 기대하면 안 되고, 아주 허름한 가게에 세탁기들이 놓여 있어요.

게스트하우스나 저가 호텔에서는 빨래 서비스를 해 주기도 합니다. 비싸지 않습니다. 무게를 달아서 세탁비를 지급합니다. 습한 기후에 보송보송하게 건조된 옷을 받으면 기분 좋지요. 아침에 맡기면 저녁에 찾을 수 있습니다. 섬유 유연제는 좀 많이 사용합니다. 한국에서도 여름에는 땀 때문에 섬유 유연제 더 쓰잖아요. 같은 이유겠지요.

Q. 바가지 안 쓰고 물건 사는 방법이 있나요?

현지인이 물건 사는 곳에서 물건을 사세요. 현지인이 얼마에 사는지 눈치 껏 잘 보시고요. 또 물건 사고 있는 현지인한테 물건값을 물어보는 것도 방법이에요. "이거 얼마래요?" 제가 쓰는 방법입니다.

Q. 아이들이 대중교통을 주도적으로 이용하게 하는 노하우 있으세요?

요즘 아이 중에는 대중교통 수단을 이용할 기회가 별로 없는 아이들이 많 아요. 평소에 지하철을 이용할 일이 있을 때 아이에게 이용 방법을 가르 쳐 주는 것도 좋은 교육입니다. 표를 사는 법, 노선도를 읽는 법, 지하철의 방향을 확인하는 법 등을 알려 주고, 아이가 주도적으로 목적지를 찾아갈 수 있도록 지켜봐 주세요.

지하철역은 다양한 지도를 만날 수 있는 체험학습의 장이에요. 여러 노선 이 단순화되어 있는 전체 노선 지도, 내가 타고자 하는 노선만 있는 단순 노선 지도, 그리고 곳곳에 있는 방향 안내판까지 만나게 됩니다. 평소 한 국에서 연습하고 외국에서도 도전해 보게 하세요.

외국의 안내판에는 당연히 현지어와 영어가 함께 표기되어 있는데 신기 하게도 영어가 눈이 잘 들어옵니다. 아이와 함께 천천히 읽어 보면서 목 적지를 찾아보세요. 길을 못 찾을 수도 있고 반대 방향으로 갈 수도 있지 만 괜찮아요. 다시 찾으면 됩니다. 모든 걸 완벽하게 해내야만 안심하는 엄마와 아이라면 이번 기회에 많이 헤매 보는 것도 좋겠네요. 가려던 길 을 못 찾아 헤매 보고, 잘못된 것을 인정하고 "하하하" 웃으며 새로운 길 을 찾아 나서는 겁니다. 실수하고 잘못해도 의기소침해지지 말고 툭툭 털 어내고 웃으며 다시 시작하는 법을 배우면 좋겠습니다. 그리고 그 옆에 든든한 엄마가 있다는 것을 아이가 알아 주면 좋겠습니다.

이런 과정을 통해 방향 감각을 익히고, 그림과 글씨로 되어 있는 표지판 을 이해하게 되며, 지금 내가 있는 곳이 지도 어디쯤 위치하는지를 머릿 속으로 생각하며 공간감이 생겨납니다. 방콕은 지상철이 잘 발달되어 있 습니다. 아이과 함께 영어로 된 안내판을 읽고 목적지를 찾아가는 탐험에 도전해 보세요.

흔하게 일어나는 일은 아니니 너무 큰 걱정은 마세요. 그래도 엄마이니 걱정이 안 될 수는 없겠죠. 유난히 부산한 아이들은 더 그렇고요. 여행 내내 초긴장으로 있을 필요는 없지만, 사람이 많은 대형 시장 같은 곳에서는 주의가 필요합니다. 저도 잠깐 아이를 놓친 경험이 있는데, 그 뒤론 저도 아이도 더 조심하게 되었습니다.

문구점에 흔하게 파는 목걸이 명찰을 하나씩 걸어 주세요. 아이 나이에 상관없이요. 영문 이름, 국적, 연락처, 현지 통화 가능한 전화가 없을 때는 카카오톡 아이디도 좋습니다. 뜻밖에 카카오톡을 외국에서도 사용하더군요. 그리고 숙소의 명함을 하나씩 넣어 줍니다.

다음은 아이들과 약속이 필요합니다. 엄마를 잃어버린 장소에서 움직이지 말고 경찰관에게 도움을 청하라고 하는 것입니다. 혹시 현지 통화가 되는 핸드폰이 없다면 숙소에 전화해서 상황을 알리고 전화가 오면 알려 달라고 하세요.

어른들끼리도 서로 길이 어긋나기도 합니다. 방콕의 대형 쇼핑센터에서 각자 흩어져 시간을 보내다가 맥도널드 앞에서 만나기로 했는데, 시간이 지나도 오지 않는 겁니다. 이게 무슨 일인가 하고 큰 걱정을 했는데, 나중에 알고 보니 같은 층에 맥도널드가 2개가 있었습니다. 일행 중 한 분 정도는 현지 통화가 되는 전화가 있는 것이 좋습니다. 없는 사람은 지나가는 사람 전화라도 빌려 쓰면 됩니다. 와이파이가 되는 곳이 많으니 카카오 전화로도 소통이 됩니다.

Q. 미술관, 박물관에 꼭 가야 할까요?

유럽의 미술관과 박물관들은 그 자체만으로도 여행의 목적이 되곤 하는데, 동남아는 어떨까요?

동남아의 미술관과 박물관은 주로 수도에 집중되어 있지요. 그 도시에서의 일정이 넉넉하면 꼭 가 보셨으면 합니다. 유럽처럼 온종일 걸려야 볼 수 있는 정도로 대단한 규모가 아니라서 부담이 없어요. 그런데 뜻밖에 여러 가지를 느끼고 알게 되는 곳이기도 합니다.

박물관에 해설사가 없어도 괜찮습니다. 공부하고자 하는 것도 아니니 가벼운 마음으로 한 바퀴 돌아 보세요. 글씨를 몰라도 디오라마나 유물들을 보면 어느 정도 이해할 수 있습니다. 우리나라 박물관에서 보던 것과 비슷한 유물을 보면 반갑고, 사람 살아가는 것이 다 비슷하다는 생각이 듭니다. 반면 생소한 유물을 보면 그 나라 기후나 상황에 맞도록 발달된 모습에 놀랍기도 합니다.

동남아의 미술을 잘 모르더라도 미술관에 가면 그 나라 특유의 화풍을 발견할 수 있습니다. 아이와 함께 멋진 작품을 하나씩 골라 보기도 합니다. 다리가 아프다가도 그림이 주는 감동이 느껴지면 참 가길 잘했다 생각이 들지요. 한국보다 박물관, 미술관 팸플릿이나 활동지가 발달하여 있진 않아요. 팸플릿을 통해 중요 작품이 어떤 건지 정도 알고 들어가면 도움이 되겠지요.

Q. 해외에서 통화는 어떻게 할까요?

로밍	본인 핸드폰 번호를 그대로 사용할 수 있다는 것이 장점이지만 통화료와 데이터 이용료가 너무 비싼 것이 단점입니다. 특히 데이터 로밍은 가격이 비싸서 추천하지 않아요. 1일에 11,000원 정도이니 10일만 되어도 11만 원이네요
현지 USIM	주로 현지 공항에 도착하자마자 공항에 있는 유심 부스에서 현지 유심을 구입합니다. 판매원이 알아서 유심도 교체해 주고, 가격도 로밍보다 저렴합니다. 빼낸 본인 유심칩은 잘 보관해야 한국에서 다시 사용할 수 있습니다. 단, 새로운 유심을 넣었다는 것은 다른 전화가 되었다는 뜻이라서 한국에서 오는 연락을 받을 수는 없습니다.
와이파이	동남아의 싼 숙소들도 요즘은 와이파이가 다 됩니다. 싱가포르는 비싼 호텔인데도 와이파이가 유료입니다.
와이파이 에그	하나만 빌리면 3~5명이 사용 가능해요. 하지만 잘 안 터지는 지역도 있어 불편하기도 합니다.

제 경우에는 핸드폰은 가져가서 자동 로밍이 되도록 두되 데이터는 꺼 둡니다. (자동 업데이트되는 앱 때문에 데이터가 소모되는 경우도 많습니다. 데이터는 완전히 꺼야 안전합니다.) 전화는 문자를 받는 용도나 정말 급하게 연락할 일이 있을 때만 쓰고, 인터넷은 와이파이 되는 곳에서만 사용합니다. 어차피 현지어를 못해서 현지에서의 예약 등은 숙소 직원에게 부탁해서 숙소 전화로 하고, 급하지 않은 안부 문자나 전화는 와이파이 되는 곳에서 카카오톡 또는 카카오 전화로 합니다.

Q. 아이의 핸드폰 사용, 어쩌면 좋아요?

아이도 엄마도 핸드폰 없이는 살기 힘든 세상이 되었네요. 집에서도 핸드폰을 손에서 놓지 못하고, 무언가를 하지 않는 모든 여백에는 핸드폰이 차지하고 있어요. 힘들게 여행 가서 핸드폰에 눈이 고정되어 있다면 정말 속상한 일입니다. 어차피 와이파이가 안 되는 곳이 많아 사용이 어렵습니다. 핸드폰을 안 봐야 세상도 보이고 생각도 하게 되겠지요. 그리고 옆 사람과 대화를 하게 됩니다.

여행하는 중에는 아이들에게 핸드폰과 거리를 둘 기회를 자연스럽게 주세요. 뜻밖에 잘합니다. 데이터를 쓰지 못해 카메라 기능을 주로 사용하게 됩니다. 청소년들은 이야기가 좀 달라질 수 있는데요. 핸드폰을 포기 못하는 청소년들이 정말 많지요. 저녁에 숙소에서는 와이파이가 되는 곳이 많으니 시간을 정해서 사용 허락을 해 주는 게 어떨까요?

고학년이거나 청소년이라면 이번 기회에 적극적 표현 방법으로 핸드폰을 사용해 보면 어떨까 싶어요. 예를 들어 페이스북, 카카오스토리, 블로그 중 하나를 정해서 여행 모두가 여행의 느낌들을 공유해 보는 겁니다. 서로서로 찍은 사진들도 올려 주고, 인상 깊은 여행 장소의 느낌들을 적어 보고 여행 동반자들이 서로 댓글도 써보면 좋겠습니다.

물론 핸드폰 분실 위험에 대해서는 충분히 숙지시키셔야 합니다.

Q. 학습지나 문제집을 여행에 가져가야 할까요?

이건 아이마다 다른 문제인데요. 한국에서 습관이 잘 잡힌 경우에는, 여행 중에 30분 시간 내는 것을 어려워하지 않고 평소처럼 하는 아이도 있고요. 스스로 가져오긴 했지만 하진 않는 아이도 있습니다. 사실 해도, 안 해도 그만인데 아이에게 심적 부담이 크겠죠? 굳이 안 하는 것이 좋겠습니다. 하루하루 여행의 정리만 잘해도 훌륭하니까요. 여행은 학습지보다 훨씬 더 대단한 것을 배우는 거예요. 그러니 무엇을 보고 무엇을 느끼는가에 더 집중하며 엄마의 욕심을 조금 내려놓는 게 좋겠습니다.

Q. 현지 음식이 입에 맞을까요?

동남아는 맛있는 음식도 많고 우리 입맛에 맞는 편입니다. 하지만 고수 같은 향신료가 강하면 못 먹는 경우도 있으니, 주문할 때 고수는 빼 달라고 하면 별문제 없습니다.

동남아는 더운 나라지만 따뜻한 음식이 많습니다. 날씨가 더울수록 더운 것을 먹어야 하는 것이 맞습니다. 그리고 어딜 가나 매운 고춧가루가 준비되어 있어 얼큰하게 한 그릇 하기 좋습니다. 보기보다 엄청나게 매운 고춧가루여서 한국에서만큼 넣었다가는 음식 다시 시켜야 합니다. 조금씩만 넣어 드세요.

제 경우, 한국 식당은 여행 중 한 번 정도 이용합니다. 그나마 주위에 없으면 굳이 찾아가진 않지요. 하지만 한국 식당에서 먹고 남은 반찬과 찌개는 포장해서 이후에 먹기도 했습니다. 정말 꿀맛이에요.

Q. 음식을 준비해 가야 할까요?

동남아는 음식 가격이 저렴합니다. 여행 경비를 절약하기 위해 부식을 챙겨 갈 필요는 없습니다. 최대한 가방은 가벼워야 합니다.

아침에 식사하기 어려운 경우가 있습니다. 주위에 식당이 멀어 아침 먹으러 나가기 어렵다거나 조식이 안 나오는 숙소에 머무는 경우입니다. 이런 경우 준비해 간 즉석밥과 김, 컵라면으로 한 끼를 해결합니다. 전날 밤에 꼬치구이 같은 것을 사다 놓으면 금상첨화지요.

그리고 초고추장은 작은 것으로 하나 가져가면 유용합니다. 시푸드 식당에서 해산물을 먹다 보면 초고추장이 생각납니다. 맛있는 회도 간장 찍어 먹으니 얼마 못 먹겠더군요. 비싼 회를 눈앞에 두고 초고추장 생각이 간절했습니다.

Q. 라면은 여행에 어떤 의미일까요?

무슨 라면에 의미까지 부여하나 하겠지만 라면은 다양한 역할을 합니다. 우선 식사용입니다. 홈스테이처럼 주방 사용이 가능한 숙소에서는 주식과 함께 사이드 메뉴로 이용합니다. 어쩌다 맛보는 매운 라면은 지친 몸과 마음을 회복시켜 줍니다.

다음은 간식용입니다. 장거리를 이동하고 있을 때, 출출할 때, 간식을 살 수 없을 때 라면은 과자로 변신합니다. 아이들에게 인기 만점이고 배도 든든합니다. 물론 매일은 아니고 어쩌다 가끔입니다.

마지막으로, 선물용으로 좋습니다. 현지인이나 다른 나라의 여행자들과 함께한 자리에서 라면을 끓여서 대접해 보세요. 한국 라면 맛에 다들 눈이 커집니다. 라면 파티도 좋습니다. 선물로 하나씩 주어도 아주 좋아합니다.

짐을 싸고 남는 공간에 구석구석 라면을 넣습니다. 컵라면 부피가 커서 부담스럽다면 면과 스프만 지퍼백에 넣어 가서 컵에 뜨거운 물 붓고 먹으면 됩니다. 가방 속 라면의 빈자리는 돌아올 때 현지에서 구매한 기념품들이 대신합니다.

Q. 없어도 되지만 있으면 좋은 준비물은 뭐가 있을까요?

셀카봉, 목베개, 블루투스 스피커가 그런 준비물입니다. 목베개는 비행기나 장거리 버스를 탈 때 아주 유용하지만 부피가 있어 번거롭기는 합니다. 블루투스 스피커는 부피가 작아 큰 부담이 안 돼요. 베트남 하롱베이를 여행할 때 배 위에 누워 쏟아지는 별을 쳐다보며 블루투스 스피커로 음악을 들었었습니다. 아이들이 한 곡만 더 듣자고 조를 만큼 음악과 별이 어울려 감동적인 밤이 되었지요. 작은 블루투스 스피커 하나가 여럿을 행복하게 했습니다.

우유
milk

MILK